1+X 职业技能鉴定考核指导手册

电 工

四 级

编审委员会

主　　任　　张　岚　魏丽君

委　　员　　顾卫东　葛恒双　孙兴旺　张　伟　李　晔
　　　　　　刘汉成

执行委员　　李　晔　瞿伟洁　夏　莹

中国劳动社会保障出版社

图书在版编目（CIP）数据

电工：四级/人力资源社会保障部教材办公室等组织编写. -- 北京：中国劳动社会保障出版社，2018

1+X 职业技能鉴定考核指导手册

ISBN 978-7-5167-3591-6

Ⅰ.①电… Ⅱ.①人… Ⅲ.①电工技术-职业技能-鉴定-自学参考资料 Ⅳ.①TM

中国版本图书馆 CIP 数据核字（2018）第 170752 号

中国劳动社会保障出版社出版发行

（北京市惠新东街 1 号　邮政编码：100029）

*

北京市艺辉印刷有限公司印刷装订　新华书店经销

787 毫米×960 毫米　16 开本　13.5 印张　214 千字

2018 年 8 月第 1 版　2024 年 9 月第 9 次印刷

定价：36.00 元

营销中心电话：400-606-6496

出版社网址：http://www.class.com.cn

前　言

　　职业资格证书制度的推行，对广大劳动者系统地学习相关职业的知识和技能，提高就业能力、工作能力和职业转换能力有着重要的作用和意义，也为企业合理用工和劳动者自主择业提供了依据。

　　随着我国科技进步、产业结构调整和市场经济的不断发展，特别是加入世界贸易组织以后，各种新兴职业不断涌现，传统职业的知识和技术也愈来愈多地融进当代新知识、新技术、新工艺的内容。为适应新形势的发展，优化劳动力素质，上海市人力资源和社会保障局在提升职业标准、完善技能鉴定方面做了积极的探索和尝试，推出了1+X培训鉴定模式。1+X中的1代表国家职业标准，X是为适应经济发展的需要，对职业标准进行的提升，包括了对职业的部分知识和技能要求进行的扩充和更新。1+X的培训鉴定模式，得到了国家人力资源社会保障部的肯定。

　　为配合开展的1+X培训与鉴定考核的需要，使广大职业培训鉴定领域的专家和参加职业培训鉴定的考生对考核内容、具体考核要求有一个全面的了解，人力资源社会保障部教材办公室、中国就业培训技术指导中心上海分中心、上海市职业技能鉴定中心联合组织有关方面的专家、技术人员共同编写了1+X职业技能鉴定考核指导手册。该手册由"理论知识复习题""操作技能复习题"和"理论知识考试模拟试卷及操作技能考核模拟试卷"三大块内容组成，书中介绍了题库的命题依据、试卷结构和题型题量，同时从上海市1+X鉴定题库中抽取部分理论知识题、操作技能题和模拟样卷供考生练习，便于考生能够有针对性地进行考前复习准备。今后我们会随着国家职业标准和鉴定题库的提升，逐步对手册内容进行补充和完善。

本系列手册在编写过程中，得到了有关专家和技术人员的大力支持，在此一并表示感谢。

由于时间仓促，缺乏经验，如有不足之处，恳请各使用单位和个人提出宝贵建议。

1+X 职业技能鉴定考核指导手册
编审委员会

目 录

CONTENTS   1+X 职业技能鉴定考核指导手册

电工职业简介

一、职业名称

电工。

二、职业定义

从事机械设备电气系统线路和元器件等安装、调试、维护和修理工作的人员。

三、主要工作内容

从事的主要工作包括：（1）使用电工工具和仪器仪表；（2）对企业的供配电系统进行维护和管理，对各种动力、照明线路进行材料选型、敷设、安装和检修；（3）对电气设备中常用元器件进行拆装和检修；（4）对继电接触控制系统进行设计、选型、安装和维修；（5）对可编程序控制器（PLC）应用系统进行设计、安装、维修、编程和调试，应用可编程序控制器与人机界面或其他设备进行通信；（6）对典型的模拟和数字电子电路进行元器件选型、安装和调试，根据电气设备的需求设计相关电子线路；（7）对典型的电力电子设备进行安装、调试和维修，对交直流调速系统等进行安装、调试和维修；（8）对典型机床电气控制系统进行安装和调试，排除机床等电气设备的故障；（9）对与电气自动控制有关的智能化设备、计算机控制系统、网络通信设备进行安装、配置、调试和维修。

第1部分

电工（四级）鉴定方案

一、鉴定方式

电工（四级）的鉴定方式分为理论知识考试和操作技能考核。理论知识考试采用闭卷机考方式，操作技能考核采用现场实际操作方式。理论知识考试和操作技能考核均实行百分制，成绩皆达 60 分及以上者为合格。理论知识或操作技能不合格者可按规定分别补考。

二、理论知识考试方案（考试时间 90 min）

题型 \\ 题库参数	考试方式	鉴定题量	分值（分/题）	配分（分）
判断题	闭卷机考	60	0.5	30
单项选择题		140	0.5	70
小计	—	200	—	100

三、操作技能考核方案

考核项目表

职业（工种）			电工		等级	四级		
职业代码								
序号	项目名称	单元编号	单元内容	考核方式	选考方法	考核时间（min）	配分（分）	
1	电气控制线路装调	1	电气控制线路安装与调试	操作	必考	60	25	
		2	传感器和PLC控制电路安装、编程与调试	操作	必考	60	25	
2	电气控制线路维修	1	电气控制线路故障检查、分析及排除	操作	必考	30	25	
3	电子线路装调	1	晶体管放大电路装调	操作	抽一	60	25	
		2	振荡电路装调	操作				
		3	晶闸管应用电路装调	操作				
		4	直流稳压电路装调	操作				
		5	功率放大电路装调	操作				
合计						210	100	
备注								

第 2 部分

鉴定要素细目表

序号	职业（工种）名称				电工	等级	四级
	职业代码						
	鉴定点代码				鉴定点内容		备注
	章	节	目	点			
	1				基础知识		
	1	1			电工基础		
	1	1	1		直流电路		
1	1	1	1	1	电路的组成		
2	1	1	1	2	全电路的组成		
3	1	1	1	3	电压的方向		
4	1	1	1	4	电压的参考方向		
5	1	1	1	5	电流的参考方向		
6	1	1	1	6	全电路欧姆定律		
7	1	1	1	7	基尔霍夫第一定律		
8	1	1	1	8	基尔霍夫电压定律的数字表达式		
9	1	1	1	9	基尔霍夫电流定律的数字表达式		
10	1	1	1	10	节点电流的计算		
11	1	1	1	11	支路电流的计算		
12	1	1	1	12	戴维南定理的概念		
13	1	1	1	13	戴维南定理的应用方法		
14	1	1	1	14	应用戴维南定理求含源二端网络输入等效电阻的方法		

续表

职业（工种）名称				电工	等级	四级
职业代码						

序号	鉴定点代码				鉴定点内容	备注
	章	节	目	点		
15	1	1	1	15	电流源并联内阻的电压计算	
16	1	1	1	16	电压源等效变换成电流源	
17	1	1	1	17	应用戴维南定理计算支路电流	
18	1	1	1	18	开路电压的计算	
19	1	1	1	19	复杂直流电路的概念	
20	1	1	1	20	叠加原理的概念	
21	1	1	1	21	节点电压法的概念	
22	1	1	1	22	回路电流法的概念	
23	1	1	1	23	复杂直流电路的计算	
	1	1	2		交流电路	
24	1	1	2	1	正弦交流电的三要素	
25	1	1	2	2	正弦交流电的相量表达式	
26	1	1	2	3	正弦量用相量计算时的要求	
27	1	1	2	4	正弦交流电波形中幅值的表示	
28	1	1	2	5	正弦交流电波形中频率的表示	
29	1	1	2	6	正弦交流电波形中初相位的表示	
30	1	1	2	7	串联和并联电路的复阻抗计算方法	
31	1	1	2	8	串联谐振的特点	
32	1	1	2	9	并联谐振的特点	
33	1	1	2	10	电容中电压与电流的相位关系	
34	1	1	2	11	RC 串联电路总电压与电流的相位差	
35	1	1	2	12	RC 串联电路的阻抗	
36	1	1	2	13	RL 串联电路的阻抗	
37	1	1	2	14	电感元件两端电压与电流的相位关系	
38	1	1	2	15	RL 串联电路功率的计算	
39	1	1	2	16	交流并联电路的阻抗计算	

续表

序号	鉴定点代码				鉴定点内容	备注
	职业（工种）名称			电工	等级	四级
	职业代码					
	章	节	目	点		
40	1	1	2	17	RLC 并联电路的谐振条件	
41	1	1	2	18	三相交流电路中三相负载的电压和电流	
42	1	1	2	19	负载星形联结的三相交流电路中的电流	
43	1	1	2	20	三相四线制中性点接地的电路	
44	1	1	2	21	负载三角形联结的三相交流电路中的电流	
45	1	1	2	22	正弦交流电功率的概念及计算	
46	1	1	2	23	三相交流电路对称负载的三相功率及计算	
47	1	1	2	24	三相不对称负载电路的简单分析	
48	1	1	2	25	三相三线制交流电路中三相功率的测量	
49	1	1	2	26	三相四线制交流电路中三相功率的测量	
50	1	1	2	27	提高功率因数的方法	
51	1	1	2	28	无功功率与功率因数的关系	
	1	1	3		电路中的过渡过程	
52	1	1	3	1	电路中过渡过程的基本概念	
53	1	1	3	2	在过渡过程中电感元件电流的特点	
54	1	1	3	3	电路产生过渡过程的原因	
55	1	1	3	4	在过渡过程中电容元件电压的特点	
56	1	1	3	5	电容元件换路定律的应用条件	
57	1	1	3	6	电感元件换路定律的应用条件	
58	1	1	3	7	RL 电路过渡过程的时间常数	
59	1	1	3	8	RC 电路过渡过程的时间常数	
60	1	1	3	9	分析过渡过程的三要素法中的三个要素	
	1	2			供配电技术基础	
	1	2	1		高低压供电系统基本知识	
61	1	2	1	1	高低压供电系统的组成	
62	1	2	1	2	高低压供电系统的设置	

序号	鉴定点代码				鉴定点内容	备注

职业（工种）名称				电工		等级	四级

序号	章	节	目	点	鉴定点内容	备注
63	1	2	1	3	供电系统的质量指标	
64	1	2	1	4	电力负荷的分级	
65	1	2	1	5	一次回路与二次回路	
	1	2	2		电力系统的中性点运行方式	
66	1	2	2	1	低压配电系统中性点的接地方式	
67	1	2	2	2	中性线的功能	
68	1	2	2	3	380 V/220 V 配电系统电源中性点直接接地的运行方式	
69	1	2	2	4	保护中性线（PEN 线）与保护线（PE 线）的概念	
70	1	2	2	5	保护接地和保护接零	
	2				专业知识	
	2	1			电子技术与测量	
	2	1	1		放大电路	
71	2	1	1	1	共发射极放大电路的组成及其静态工作点	
72	2	1	1	2	放大电路的图解分析法及其波形失真情况分析	
73	2	1	1	3	放大电路的微变等效电路分析法	
74	2	1	1	4	放大电路静态工作点的稳定	
75	2	1	1	5	共集电极放大电路	
76	2	1	1	6	共基极放大电路	
77	2	1	1	7	多级放大电路的耦合方式	
78	2	1	1	8	放大电路的频率特性	
79	2	1	1	9	反馈的概念	
80	2	1	1	10	交流负反馈的类型	
81	2	1	1	11	反馈极性的判别	
82	2	1	1	12	负反馈对放大电路性能的影响	
83	2	1	1	13	差动放大电路的工作原理	
84	2	1	1	14	差动放大电路的输入、输出方式	

续表

序号	章	节	目	点	鉴定点内容	备注
	职业（工种）名称				电工	等级 四级
	职业代码					
	鉴定点代码				鉴定点内容	备注

序号	章	节	目	点	鉴定点内容	备注
85	2	1	1	15	运算放大器的基本结构	
86	2	1	1	16	运算放大器的主要参数	
87	2	1	1	17	运算放大器的线性应用	
88	2	1	1	18	运算放大器的非线性应用	
89	2	1	1	19	功率放大电路的特点	
90	2	1	1	20	功率放大电路的三种工作状态	
91	2	1	1	21	无输出电容功率放大电路（OCL电路）的工作原理和静态工作点的调整	
92	2	1	1	22	无输出变压器功率放大电路（OTL电路）的工作原理和静态工作点的调整	
	2	1	2		正弦波振荡电路	
93	2	1	2	1	自激振荡	
94	2	1	2	2	RC桥式振荡电路的工作原理	
95	2	1	2	3	电感三点式振荡电路的工作原理	
96	2	1	2	4	电容三点式振荡电路的工作原理	
	2	1	3		直流稳压电源	
97	2	1	3	1	晶体管串联式稳压电路的工作原理	
98	2	1	3	2	集成稳压电路的型号、性能和使用方法	
	2	1	4		逻辑门电路	
99	2	1	4	1	基本逻辑门电路	
100	2	1	4	2	常见集成逻辑门电路的种类和主要参数	
101	2	1	4	3	常见集成逻辑门电路的逻辑功能	
	2	1	5		晶闸管可控整流电路	
102	2	1	5	1	晶闸管的结构和特性	
103	2	1	5	2	普通晶闸管的主要参数	
104	2	1	5	3	单相半波可控整流电路带电阻负载的工作原理、输出直流电压的计算	
105	2	1	5	4	单相半波可控整流电路带电感负载的工作原理、输出直流电压的计算	

续表

职业（工种）名称				电工	等级	四级
职业代码						
序号	鉴定点代码				鉴定点内容	备注
	章	节	目	点		
106	2	1	5	5	单相全控桥式整流电路的工作原理	
107	2	1	5	6	单相全控桥式整流电路的电压和电流的计算	
108	2	1	5	7	单相半控桥式整流电路的工作原理	
109	2	1	5	8	单相半控桥式整流电路的电压和电流的计算	
110	2	1	5	9	三相半波可控整流电路	
111	2	1	5	10	单结晶体管	
112	2	1	5	11	单结晶体管触发电路	
113	2	1	5	12	晶闸管的过电流保护措施	
114	2	1	5	13	晶闸管的过电压保护措施	
115	2	1	5	14	单相晶闸管直流调速系统的工作原理	
	2	1	6		仪表与仪器应用	
116	2	1	6	1	直流单臂电桥	
117	2	1	6	2	直流双臂电桥	
118	2	1	6	3	通用示波器	
119	2	1	6	4	晶体管特性图示仪	
120	2	1	6	5	信号发生器	
121	2	1	6	6	晶体管毫伏表	
	2	2			电气控制	
	2	2	1		变压器	
122	2	2	1	1	变压器的工作原理	
123	2	2	1	2	升压、降压变压器	
124	2	2	1	3	变压器的空载运行和带负载运行	
125	2	2	1	4	变压器的外特性	
126	2	2	1	5	变压器的空载试验	
127	2	2	1	6	变压器的短路试验	
128	2	2	1	7	三相电力变压器的结构	

续表

职业（工种）名称				电工	等级	四级
职业代码						
序号	鉴定点代码				鉴定点内容	备注
	章	节	目	点		
129	2	2	1	8	三相变压器的铭牌数据	
130	2	2	1	9	三相变压器的极性	
131	2	2	1	10	三相变压器的联结组标号	
132	2	2	1	11	三相变压器的并联运行	
133	2	2	1	12	变压器的常见故障及其维修	
134	2	2	1	13	电压互感器的工作原理和使用注意事项	
135	2	2	1	14	电流互感器的工作原理和使用注意事项	
136	2	2	1	15	交流电焊变压器的分类和基本结构	
137	2	2	1	16	动铁式电焊变压器的工作原理	
138	2	2	1	17	带电抗器的电焊变压器	
139	2	2	1	18	动圈式电焊变压器的工作原理	
140	2	2	1	19	直流电焊机的构造和工作原理	
	2	2	2		直流电机	
141	2	2	2	1	直流电机的分类	
142	2	2	2	2	直流电机的基本结构	
143	2	2	2	3	直流电机的电枢绕组	
144	2	2	2	4	直流电机的工作原理	
145	2	2	2	5	直流电机的换向	
146	2	2	2	6	直流电动机的电动势和转矩	
147	2	2	2	7	直流电动机的机械特性	
148	2	2	2	8	直流电动机的启动	
149	2	2	2	9	直流电动机的正反转	
150	2	2	2	10	直流电动机的调速	
151	2	2	2	11	直流电动机的制动	
152	2	2	2	12	直流发电机的运行特性	
	2	2	3		交流电动机	

续表

职业（工种）名称				电工	等级	四级
职业代码						
序号	鉴定点代码				鉴定点内容	备注
	章	节	目	点		
153	2	2	3	1	异步电动机的铭牌数据	
154	2	2	3	2	异步电动机的工作方式	
155	2	2	3	3	异步电动机的极数和转速	
156	2	2	3	4	异步电动机的转差率	
157	2	2	3	5	异步电动机的转矩和机械特性	
158	2	2	3	6	异步电动机的启动性能	
159	2	2	3	7	三相笼型异步电动机的启动方法	
160	2	2	3	8	Y–△减压启动的启动电流和启动转矩参数计算	
161	2	2	3	9	自耦变压器减压启动的启动电流和启动转矩	
162	2	2	3	10	三相绕线转子异步电动机的启动	
163	2	2	3	11	异步电动机的调速	
164	2	2	3	12	异步电动机的变极调速	
165	2	2	3	13	异步电动机的制动	
166	2	2	3	14	单相异步电动机的类型及启动	
167	2	2	3	15	异步电动机常见故障及其维修	
168	2	2	3	16	同步电机的分类	
169	2	2	3	17	同步电动机的启动	
	2	2	4		控制电动机及特种电机	
170	2	2	4	1	测速发电机的类型和用途	
171	2	2	4	2	伺服电动机	
172	2	2	4	3	步进电动机的类型和作用	
173	2	2	4	4	电磁调速电动机的组成和转速调节方法	
174	2	2	4	5	交磁电动机扩大机	
	2	2	5		低压电器	
175	2	2	5	1	低压电器的分类	
176	2	2	5	2	低压电器的灭弧措施	

续表

职业（工种）名称				电工	等级	四级
职业代码						
序号	鉴定点代码				鉴定点内容	备注
	章	节	目	点		
177	2	2	5	3	交流接触器的灭弧装置	
178	2	2	5	4	直流接触器的灭弧装置	
179	2	2	5	5	接触器的选用	
180	2	2	5	6	接触器的使用注意事项与维修	
181	2	2	5	7	电磁式电流继电器及其类型	
182	2	2	5	8	电磁式电流继电器的整定	
183	2	2	5	9	电磁式电压继电器及其类型	
184	2	2	5	10	热继电器的选用	
185	2	2	5	11	熔断器的结构与主要技术参数	
186	2	2	5	12	熔断器的选用	
187	2	2	5	13	低压断路器的选用	
188	2	2	5	14	晶体管时间继电器的组成与工作原理	
189	2	2	5	15	时间继电器的选用	
190	2	2	5	16	速度继电器的工作原理	
191	2	2	5	17	晶体管接近开关的工作原理	
	2	2	6		交流电动机的电气控制	
192	2	2	6	1	电动机控制的一般原则	
193	2	2	6	2	电动机的保护	
194	2	2	6	3	交流笼型电动机的正反转控制	
195	2	2	6	4	交流笼型电动机的顺序控制和多地控制	
196	2	2	6	5	交流笼型电动机的减压启动控制	
197	2	2	6	6	交流笼型电动机的制动控制	
198	2	2	6	7	绕线转子异步电动机的启动控制	
199	2	2	6	8	频敏变阻器的调整	
	2	2	7		变频器与软启动器应用基础知识	
200	2	2	7	1	变频器的作用与基本组成	

职业（工种）名称				电工	等级	四级
职业代码						

序号	鉴定点代码				鉴定点内容	备注
	章	节	目	点		
201	2	2	7	2	变频调速的基本原理	
202	2	2	7	3	变频器使用注意事项	
203	2	2	7	4	软启动器的作用与基本组成	
	2	2	8		直流电动机的电气控制	
204	2	2	8	1	他励直流电动机的启动控制	
205	2	2	8	2	他励直流电动机的正反转控制	
206	2	2	8	3	他励直流电动机的制动控制	
207	2	2	8	4	串励直流电动机的控制	
208	2	2	8	5	直流发电机-电动机调速系统	
	2	2	9		典型生产机械的电气控制电路	
209	2	2	9	1	C6150 车床的结构特点与控制要求	
210	2	2	9	2	C6150 车床的电气控制电路	
211	2	2	9	3	Z3040 摇臂钻床的结构特点与控制要求	
212	2	2	9	4	Z3040 摇臂钻床的电气控制电路	
213	2	2	9	5	M7130 平面磨床的结构特点与控制要求	
214	2	2	9	6	M7130 平面磨床的电气控制电路	
	2	3			传感器与可编程序控制器应用基础知识	
	2	3	1		传感器应用基础知识	
215	2	3	1	1	传感器在工业自动化中的作用	
216	2	3	1	2	各类传感器的特点	
217	2	3	1	3	磁性式接近开关应用	
218	2	3	1	4	感应式接近开关应用	
219	2	3	1	5	光电对射式开关应用	
220	2	3	1	6	光电反射式开关应用	
221	2	3	1	7	旋转式编码器应用	
	2	3	2		可编程序控制器的基础知识	

续表

职业（工种）名称				电工	等级	四级
职业代码						
序号	鉴定点代码				鉴定点内容	备注
	章	节	目	点		
222	2	3	2	1	可编程序控制器在工业自动化中的作用	
223	2	3	2	2	可编程序控制器的发展历史	
224	2	3	2	3	可编程序控制器的特点	
225	2	3	2	4	可编程序控制器输入端的连接方法	
226	2	3	2	5	可编程序控制器的执行速度	
227	2	3	2	6	可编程序控制器控制功能的实现	
228	2	3	2	7	梯形图中的元件符号	
229	2	3	2	8	可编程序控制器控制系统的输入内容	
230	2	3	2	9	可编程序控制器中软继电器的特点	
231	2	3	2	10	光电耦合器的结构	
232	2	3	2	11	可编程序控制器的组成	
233	2	3	2	12	可编程序控制器的存储器	
234	2	3	2	13	可编程序控制器的工作原理	
235	2	3	2	14	FX 系列可编程序控制器内部继电器的编号	
236	2	3	2	15	可编程序控制器的工作过程	
237	2	3	2	16	可编程序控制器的扫描周期	
238	2	3	2	17	可编程序控制器的主要技术性能	
239	2	3	2	18	可编程序控制器的输入类型	
240	2	3	2	19	可编程序控制器的输出类型	
	2	3	3		可编程序控制器的编程方法	
241	2	3	3	1	可编程序控制器的编程语言	
242	2	3	3	2	可编程序控制器的指令系统	
243	2	3	3	3	双线圈输出的概念	
244	2	3	3	4	线圈的并联输出	
245	2	3	3	5	可编程序控制器的编程技巧	
246	2	3	3	6	输入继电器	

职业（工种）名称				电工	等级	四级
职业代码						
序号	鉴定点代码				鉴定点内容	备注
	章	节	目	点		
247	2	3	3	7	输出继电器	
248	2	3	3	8	辅助继电器	
249	2	3	3	9	计数器	
250	2	3	3	10	可编程序控制器梯形图的基本结构	
251	2	3	3	11	梯级与节点	
252	2	3	3	12	可编程序控制器梯形图的编制规则	
253	2	3	3	13	并联电路块指令	
254	2	3	3	14	串联电路块指令	
	2	3	4		可编程序控制器的应用及安装维护	
255	2	3	4	1	简易编程器的基本结构	
256	2	3	4	2	简易编程器的操作方法	
257	2	3	4	3	可编程序控制器的应用步骤	
258	2	3	4	4	编程器液晶显示屏的作用	
259	2	3	4	5	可编程序控制器的机型选择	
260	2	3	4	6	可编程序控制器的输出保护	
261	2	3	4	7	可编程序控制器的接地	
262	2	3	4	8	可编程序控制器的布线	
263	2	3	4	9	可编程序控制器安装的安全原则	
264	2	3	4	10	可编程序控制器的日常维护	
265	2	3	4	11	可编程序控制器面板上指示灯表达的内容	
266	2	3	4	12	可编程序控制器日常维护工作的内容	

第3部分

理论知识复习题

基础知识

一、判断题（将判断结果填入括号中。正确的填"√"，错误的填"×"）

1. 用电源、负载、开关和导线可以构成一个最简单的电路。　　　　　　（　　）

2. 全电路是指包括内电路、外电路两部分的闭合电路整体。　　　　　　（　　）

3. 电压的方向是由高电位指向低电位。　　　　　　　　　　　　　　　（　　）

4. 在分析电路时，可先任意设定电压的参考方向，再根据计算所得值的正负确定电压的实际方向。　　　　　　　　　　　　　　　　　　　　　　　　　　　　（　　）

5. 在用基尔霍夫第一定律列节点电流方程式时，若解出的电流为负，则表示实际电流方向与假定电流正方向相反。　　　　　　　　　　　　　　　　　　　　　　　（　　）

6. 全电路欧姆定律是指在全电路中，电流与电源的电动势成正比，与整个电路的内外电阻之和成反比。　　　　　　　　　　　　　　　　　　　　　　　　　　　　（　　）

7. 基尔霍夫第二定律表明流过任何一个节点的瞬间电流的代数和为零。　（　　）

8. 基尔霍夫电压定律的数字表达式为 $\sum(IR+E)=0$。　　　　　　　（　　）

9. 基尔霍夫电流定律的数字表达式为 $\sum I_入 - \sum I_出 = 0$。　　　　（　　）

10. 在下图所示的节点 b 上，符合基尔霍夫第一定律的式子是 $I_5+I_6-I_4=0$。（　　）

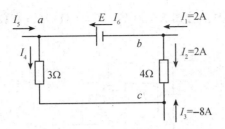

11. 在下图所示的直流电路中，已知 $E_1 = 15$ V，$E_2 = 70$ V，$E_3 = 5$ V，$R_1 = 6$ Ω，$R_2 = 5$ Ω，$R_3 = 10$ Ω，$R_4 = 2.5$ Ω，$R_5 = 15$ Ω，则支路电流 I_5 为 2 A。 （ ）

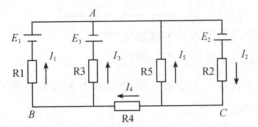

12. 应用戴维南定理分析含源二端网络时，可用等效电阻代替二端网络。 （ ）

13. 戴维南定理最适用于求复杂电路中某一条支路的电流。 （ ）

14. 含源二端网络中，测得短路电流为 4 A，开路电压为 10 V，则它的等效内阻为 40 Ω。 （ ）

15. 并联内阻为 2 Ω 的电流源等效变换成 10 V 的电压源时，电流源的电流为 5 A。 （ ）

16. 电压源的电压为 20 V，串联内阻为 2 Ω，当把它等效变换成电流源时，电流源的电流为 40 A。 （ ）

17. 如下图所示，如果 $R_1 = 0.2$ Ω，$R_2 = 0.2$ Ω，$R_3 = 3.2$ Ω，$E_1 = 7$ V，$E_2 = 6.2$ V，则流过 R_3 的电流为 2 A。 （ ）

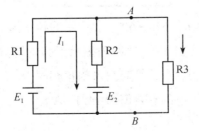

18. 在下图所示的电路中，已知 $E = 30$ V，$R_1 = 1$ Ω，$R_2 = 9$ Ω，$R_3 = 5$ Ω，则开路电压 $U_\circ$ 为 10 V。　　　　　　　　　　　　　　　　　　　　　　　　　（　　）

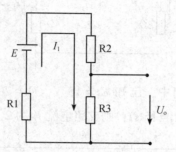

19. 复杂直流电路指的是含有多个电源的电路。　　　　　　　　　　　（　　）

20. 叠加原理是分析复杂电路的一个重要原理。　　　　　　　　　　　（　　）

21. 节点电压法以支路电流为未知量，根据基尔霍夫电流定律列出节点电压方程，从而求解。　　　　　　　　　　　　　　　　　　　　　　　　　　　　（　　）

22. 回路电流法以回路电流为未知量，根据基尔霍夫电流定律列出回路电压方程，从而求解。　　　　　　　　　　　　　　　　　　　　　　　　　　　　（　　）

23. 在下图所示的电路中，已知 $E_1 = 5$ V，$R_1 = 10$ Ω，$E_2 = 1$ V，$R_2 = 20$ Ω，$R_3 = 30$ Ω，用支路电流法求出各支路电流为 $I_1 = 0.2$ A，$I_2 = -0.1$ A，$I_3 = 0.1$ A。　　　（　　）

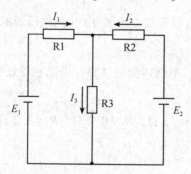

24. 正弦交流电压 $u = 100\sin(628t + 60°)$ V，它的频率为 100 Hz。　　（　　）

25. 关于正弦交流电相量的叙述中，"幅角表示正弦量的相位"的说法不正确。　　（　　）

26. 正弦量中用相量形式表示在计算时要求幅角相同。　　　　　　　　（　　）

27. 如下图所示，正弦交流电的有效值为 14.1 mV。　　　　　　　　　（　　）

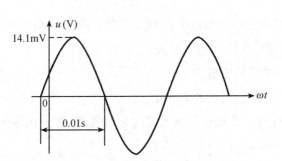

28. 如下图所示，正弦交流电的角频率为 3. 14 rad/s。　　　　　　　　　（　　）

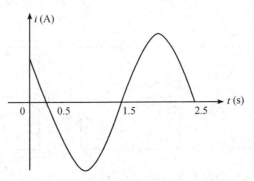

29. 如下图所示，正弦交流电的初相位是 2π。　　　　　　　　　　　　（　　）

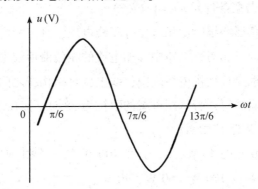

30. 串联电路或并联电路等效复阻抗的计算在形式上与电阻串联或电阻并联等效电阻的计算是一样的。　　　　　　　　　　　　　　　　　　　　　　　　　　（　　）

31. 串联谐振时，电路中阻抗最小，电流最大。　　　　　　　　　　　（　　）

32. 并联谐振时，电路中总阻抗最小，总电流最大。　　　　　　　　　（　　）

33. 某元件两端的交流电压超前于流过它的交流电流，则该元件为容性负载。（　　）

34. 在 RC 串联电路中总电压与电流的相位差角，既与电路元件 R、C 的参数及电源频率有关，也与电压、电流的大小和相位有关。　　　　　　　　　　　　（　　）

35. RC 串联电路的电路总阻抗为 $R+j\omega C$。　　　　　　　　　　　　　　　（　　）

36. RL 串联电路的电路总阻抗为 $R+j\omega L$。　　　　　　　　　　　　　　　（　　）

37. 某元件两端的交流电压相位超前于流过它的电流 90°，则该元件为电感元件。

（　　）

38. 在下图中，各线圈的电阻、电感、电源端电压、电灯的电阻、交流电的频率均相同，最亮的电灯是 a 灯。　　　　　　　　　　　　　　　　　　　　　　（　　）

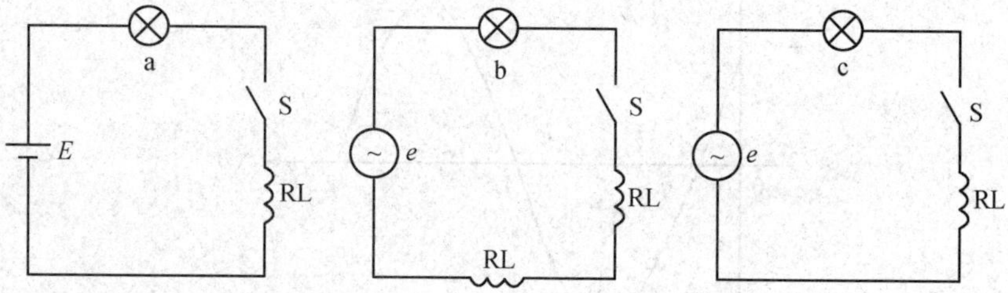

39. 两个阻抗并联电路的总阻抗为 $Z = 1/Z_1 + 1/Z_2$。　　　　　　　　　　　（　　）

40. RLC 并联电路的谐振条件是 $\omega L = 1/(\omega C)$。　　　　　　　　　　　（　　）

41. 对称三相负载三角形联结时，相电压等于线电压，且三相电流相等。　　（　　）

42. 在负载星形联结的三相对称电路中，相电流的相位滞后线电压 30°。　　（　　）

43. 在三相四线制中性点接地供电系统中，线电压是指相线之间的电压。　　（　　）

44. 三相对称负载△联结时，若每相负载的阻抗为 38 Ω，接在线电压为 380 V 的三相交流电路中，则电路的线电流为 17.3 A。　　　　　　　　　　　　　　　　（　　）

45. 额定电压都为 220 V 的 40 W、60 W 和 100 W 的三个灯泡串联在 220 V 的电源中，它们的发热量由大到小排列为 100 W、60 W、40 W。　　　　　　　　　　（　　）

46. 三相交流电路中，总功率为 $P = 3U_p I_p \cos\varphi$。　　　　　　　　　　（　　）

47. 三相不对称电路通常是指负载不对称。　　　　　　　　　　　　　　　（　　）

48. 三相三线制电路总功率只可以用二表法来测量。　　　　　　　　　　（　　）

49. 三相四线制不对称负载电路总功率可以用二表法来测量。　　　　　　（　　）

50. 工厂为了提高 $\cos\varphi$，常采用的措施是并联适当的电容。　　　　　　（　　）

51. 为了提高电网的功率因数，可采取的措施是降低供电设备消耗的无功功率。（　　）

52. 当电路的状态或参数发生变化时，电路从原稳定状态立即进入新的稳定状态。

（　　）

53. 在过渡过程中，流过电感元件的电流不能突变。（　　）

54. 电路产生过渡过程的原因是电路存在储能元件，且电路发生变化。（　　）

55. 在过渡过程中，电容两端电压不变。（　　）

56. 电容元件换路定律的应用条件是电容的电流 i_C 有限。（　　）

57. 电感元件换路定律的应用条件是电感的电流 i_L 有限。（　　）

58. RL 电路过渡过程的时间常数 $\tau = R/L$。（　　）

59. RC 电路过渡过程的时间常数 $\tau = RC$。（　　）

60. 分析过渡过程的三要素法中的三要素为 $f\left(0_+\right)$、$f\left(\infty\right)$ 和 τ。（　　）

61. 高低压供电系统通常由高压电源进线、高压配电所、高压配电线、变电所、低压配电线等组成。（　　）

62. 用电设备容量在 250 kW 及以下的供电系统通常采用低压供电，只需设置一个低压配电室。（　　）

63. 衡量供电系统质量的指标包括电压波形和频率的质量。（　　）

64. 电力负荷按其对供电可靠性的要求分为三级。（　　）

65. 在变配电所中，通常把变压器一次侧的电路称为一次回路，变压器二次侧的电路称为二次回路。（　　）

66. 380 V/220 V 配电系统中一般采取中性点经消弧线圈接地的运行方式。（　　）

67. 低压配电系统中的中性线的功能是连接使用相电压的单相设备，传导三相系统中的不平衡电流和单相电流。（　　）

68. 380 V/220 V 配电系统电源中性点直接接地的运行方式分为 TN-C 系统、TN-S 系统和 TN-C-S 系统，统称为 TT 系统。（　　）

69. 三相五线制系统中的 PE 线称为保护接零线。（　　）

70. 把电气设备的金属外壳、构件与系统中的 PE 线或 PEN 线可靠连接称为保护接零。

（　　）

二、单项选择题（选择一个正确的答案，将相应的字母填入题内的括号中）

1. 用电源、开关、（　　）和负载可以构成一个最简单的电路。

    A. 电感　　　　　　　B. 导线　　　　　　　C. 电阻　　　　　　　D. 电容

2. 用开关、负载、（　　）和导线可以构成一个最简单的电路。

    A. 电感　　　　　　　B. 电源　　　　　　　C. 电阻　　　　　　　D. 电容

3. 全电路是指包括内电路、（　　）两部分的闭合电路整体。

    A. 负载　　　　　　　B. 外电路　　　　　　C. 附加电路　　　　　D. 电源

4. 全电路是指包括内电路、外电路两部分的（　　）。

    A. 电源电路　　　　　　　　　　　　B. 全部电路

    C. 闭合电路整体　　　　　　　　　　D. 电源和负载电路

5. 电压的方向是（　　）。

    A. 和电动势的方向一致的　　　　　　B. 和电位高低无关的

    C. 由高电位指向低电位　　　　　　　D. 由低电位指向高电位

6. （　　）的方向是由高电位指向低电位。

    A. 电动势　　　　　　B. 电位　　　　　　　C. 电压　　　　　　　D. 电源内电场

7. 在分析电路时，可先（　　）电压的参考方向，再根据计算所得值的正负来确定电压的实际方向。

    A. 任意设定　　　　　　　　　　　　B. 根据电位的高低设定

    C. 按规定的方向设定　　　　　　　　D. 根据已知条件确定

8. 在分析电路时，可先任意设定电压的（　　），再根据计算所得值的正负来确定电压的实际方向。

    A. 方向　　　　　　　B. 大小　　　　　　　C. 假设方向　　　　　D. 参考方向

9. 在用基尔霍夫第一定律列节点电流方程式时，若解出的电流为正，则表示电流的实际方向（　　）。

    A. 与假定电流正方向无关　　　　　　B. 与假定电流正方向相反

    C. 就是假定电流方向　　　　　　　　D. 与假定电流正方向相同

10. 在用基尔霍夫第一定律列节点电流方程式时，若实际电流方向与假定电流正方向相反，则解出的电流（　　　）。

    A. 为零　 B. 为负　 C. 为正　 D. 可正可负

11. 全电路欧姆定律是指在全电路中，电流与电源的电动势成正比，与（　　　）成反比。

    A. 整个电路的内电阻　 B. 整个电路的外电阻

    C. 整个电路的内外电阻之和　 D. 电源的内阻

12. 全电路欧姆定律是指在全电路中，电流与电源的电动势成正比，与整个电路的内外电阻之和（　　　）。

    A. 成正比　 B. 成反比　 C. 成累加关系　 D. 无关

13. 基尔霍夫第一定律表明（　　　）为零。

    A. 流过任何处的电流

    B. 流过任何一个节点的电流平均值

    C. 流过任何一个节点的瞬间电流的代数和

    D. 流过任何一条支路的电流

14. （　　　）表明流过任何一个节点的瞬间电流的代数和为零。

    A. 基尔霍夫第二定律　 B. 叠加原理

    C. 基尔霍夫第一定律　 D. 戴维南定理

15. （　　　）定律的数字表达式是 $\sum IR = \sum E$。

    A. 基尔霍夫电流　 B. 基尔霍夫电压

    C. 基尔霍夫电动势　 D. 基尔霍夫电感

16. 任何一个回路中，各段电压之间的关系符合数字表达式 $\sum IR = \sum E$，称为（　　　）。

    A. 基尔霍夫第二定律　 B. 叠加原理

    C. 基尔霍夫第一定律　 D. 戴维南定理

17. （　　　）定律的数字表达式为 $\sum I_{入} = \sum I_{出}$。

    A. 基尔霍夫电流　 B. 基尔霍夫电压

    C. 基尔霍夫电路　 D. 基尔霍夫电场

18. 任何一个节点上，各段电流之间的关系符合数字表达式 $\sum I_{入} = \sum I_{出}$，称为（　　　）定律。

A. 基尔霍夫电流   B. 基尔霍夫电压

C. 基尔霍夫电路   D. 基尔霍夫电场

19. 在下图所示的节点 a 上，符合基尔霍夫第一定律的式子是（   ）。

     A. $I_5+I_6-I_4=0$ B. $I_1-I_2-I_6=0$

     C. $I_1-I_2+I_6=0$ D. $I_2-I_3+I_4=0$

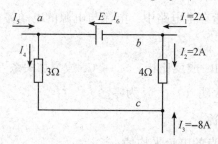

20. 在上图所示的节点 c 上，符合基尔霍夫第一定律的式子是（   ）。

     A. $I_5+I_6=I_4$ B. $I_1=I_2+I_6$ C. $I_1+I_6=I_2$ D. $I_2+I_4=-I_3$

21. 在下图所示的直流电路中，已知 $E_1=15$ V，$E_2=70$ V，$E_3=5$ V，$R_1=6$ Ω，$R_2=5$ Ω，$R_3=10$ Ω，$R_4=2.5$ Ω，$R_5=15$ Ω，支路电流 I_4 为（   ）A。

     A. 5   B. 2   C. 6   D. 8

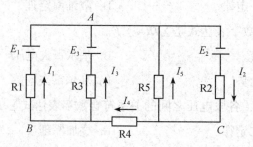

22. 在上图所示的直流电路中，已知 $E_1=15$ V，$E_2=70$ V，$E_3=5$ V，$R_1=6$ Ω，$R_2=5$ Ω，$R_3=10$ Ω，$R_4=2.5$ Ω，$R_5=15$ Ω，支路电流 I_2 为（   ）A。

     A. 5   B. 2   C. 6   D. 8

23. 应用戴维南定理分析（   ）时，可用等效电源代替此网络。

     A. 二端网络   B. 四端网络

     C. 含源二端网络   D. 含源四端网络

24. 应用戴维南定理分析含源二端网络时，可用等效电源代替（　　　）。

    A. 内电阻　　　　　　　　　　　　B. 网络中的电源

    C. 含源二端网络　　　　　　　　　D. 开路电压

25. （　　）最适用于求复杂电路中某一条支路的电流。

    A. 基尔霍夫第二定律　　　　　　　B. 齐次原理

    C. 基尔霍夫第一定律　　　　　　　D. 戴维南定理

26. 戴维南定理最适用于求（　　　）中某一条支路的电流。

    A. 复杂电路　　　B. 闭合电路　　　C. 单电源电路　　　D. 简单电路

27. 含源二端网络短路电流为 4 A，等效内阻为 2.5 Ω，则它的开路电压为（　　　）V。

    A. 4　　　　　　　B. 2.5　　　　　　C. 10　　　　　　D. 0.4

28. 含源二端网络的等效内阻为 2.5 Ω，开路电压为 10 V，则它的短路电流为（　　　）A。

    A. 10　　　　　　B. 4　　　　　　C. 1　　　　　　D. 2.5

29. 电流源并联内阻为 2 Ω，电流为 5 A，可等效变换成（　　　）V 的电压源。

    A. 5　　　　　　B. 0.4　　　　　　C. 10　　　　　　D. 2.5

30. 电流源的电流为 6 A，可等效变换成 12 V 的电压源，与电流源并联的内阻为（　　　）Ω。

    A. 1　　　　　　B. 2　　　　　　C. 2.5　　　　　　D. 12

31. 电压源的电压为 10 V，可等效变换成电流为 5 A 的电流源，则电压源的内阻为（　　　）Ω。

    A. 1　　　　　　B. 2　　　　　　C. 2.5　　　　　　D. 12

32. 电压源的串联内阻为 5 Ω，当电压为（　　　）V 时，可等效变换成电流为 5 A 的电流源。

    A. 12.5　　　　　B. 10　　　　　　C. 20　　　　　　D. 25

33. 如下图所示，如果 $R_1 = 0.2$ Ω，$R_2 = 0.2$ Ω，$R_3 = 1$ Ω，$E_1 = 7$ V，$E_2 = 6.2$ V，则流过 R_3 的电流为（　　　）A。

    A. 5　　　　　　B. 10　　　　　　C. 2　　　　　　D. 6

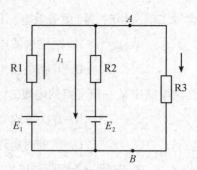

34. 如上图所示，如果 $R_1 = 0.2\ \Omega$，$R_2 = 0.2\ \Omega$，$R_3 = 2.1\ \Omega$，$E_1 = 7\ V$，$E_2 = 6.2\ V$，则流过 R_3 的电流为（ ）A。

    A. 3   B. 10   C. 2   D. 6

35. 如下图所示，已知 $E = 15\ V$，$R_1 = 1\ \Omega$，$R_2 = 9\ \Omega$，$R_3 = 5\ \Omega$，则开路电压 U_o 为（ ）V。

    A. 5   B. 10   C. 3   D. 1

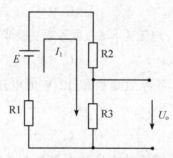

36. 如上图所示，已知 $E = 30\ V$，$R_1 = 1\ \Omega$，$R_2 = 9\ \Omega$，$R_3 = 20\ \Omega$，则开路电压 U_o 为（ ）V。

    A. 5   B. 10   C. 3   D. 20

37. 复杂直流电路指的是含有（ ）的直流电路。

    A. 多个电源   B. 多个电阻，且不能用串并联关系化简

    C. 多个节点   D. 多个网孔

38. 复杂直流电路指的是含有多个电阻，且（ ）的直流电路。

    A. 不能直接计算   B. 阻值各不相等

    C. 不能用串并联关系化简   D. 既有串联又有并联

39. （　　）是分析线性电路的一个重要原理。

　　A. 戴维南定理　　　　　　　　　　　B. 叠加原理

　　C. 基尔霍夫第一定律　　　　　　　　D. 基尔霍夫第二定律

40. 叠加原理不能用于分析（　　）。

　　A. 简单电路　　　B. 复杂电路　　　C. 线性电路　　　D. 非线性电路

41. 节点电压法是以节点电压为未知量，根据（　　）列出节点电流方程，从而求解。

　　A. 基尔霍夫电流定律　　　　　　　　B. 回路电压定律

　　C. 叠加原理　　　　　　　　　　　　D. 基尔霍夫电压定律

42. 节点电压法是以节点电压为未知量，根据基尔霍夫电流定律列出（　　）方程，从而求解。

　　A. 支路电流　　　B. 回路电压　　　C. 节点电流　　　D. 节点电压

43. 回路电流法以回路电流为未知量，根据（　　）列出回路电压方程，从而求解。

　　A. 基尔霍夫电流定律　　　　　　　　B. 回路电流定律

　　C. 叠加原理　　　　　　　　　　　　D. 基尔霍夫电压定律

44. 回路电流法以回路电流为未知量，根据基尔霍夫电压定律列出（　　）方程，从而求解。

　　A. 支路电流　　　B. 回路电压　　　C. 节点电流　　　D. 节点电压

45. 在下图所示的电路中，设 $E_1 = 10\ \text{V}$，$R_1 = 20\ \Omega$，$E_2 = 2\ \text{V}$，$R_2 = 40\ \Omega$，$R_3 = 60\ \Omega$，用支路电流法求出各支路电流为（　　）。

　　A. $I_1 = 0.2\ \text{A}$，$I_2 = 0.1\ \text{A}$，$I_3 = 0.3\ \text{A}$

　　B. $I_1 = 0.2\ \text{A}$，$I_2 = -0.1\ \text{A}$，$I_3 = 0.1\ \text{A}$

　　C. $I_1 = 0.3\ \text{A}$，$I_2 = -0.2\ \text{A}$，$I_3 = 0.1\ \text{A}$

　　D. $I_1 = -0.1\ \text{A}$，$I_2 = -0.2\ \text{A}$，$I_3 = -0.1\ \text{A}$

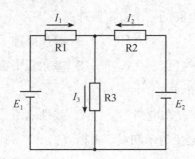

46. 在上图所示的电路中，设 $E_1 = 15$ V，$R_1 = 30$ Ω，$E_2 = 3$ V，$R_2 = 60$ Ω，$R_3 = 90$ Ω，用支路电流法求出各支路电流为（　　）。

    A. $I_1 = 2$ A，$I_2 = 1$ A，$I_3 = 3$ A

    B. $I_1 = 0.2$ A，$I_2 = -0.1$ A，$I_3 = 0.1$ A

    C. $I_1 = 3$ A，$I_2 = -2$ A，$I_3 = 1$ A

    D. $I_1 = -0.1$ A，$I_2 = 0.2$ A，$I_3 = 0.1$ A

47. 正弦交流电压 $u = 100\sin$（$628t + 60°$）V，它的有效值为（　　）V。

    A. 100　　　　　　　B. 70.7　　　　　　　C. 50　　　　　　　D. 141

48. 正弦交流电压 $u = 100\sin$（$628t + 60°$）V，它的初相角为（　　）。

    A. 100°　　　　　　B. 50°　　　　　　　C. 60°　　　　　　D. 628°

49. 关于正弦交流电相量的叙述，以下说法不正确的是（　　）。

    A. 模表示正弦量的有效值

    B. 幅角表示正弦量的初相位

    C. 幅角表示正弦量的相位

    D. 相量只表示正弦量与复数间的对应关系

50. 关于正弦交流电相量的叙述中，模表示（　　）。

    A. 正弦量的有效值　　　　　　　　B. 正弦量的初相位

    C. 正弦量的最大值　　　　　　　　D. 正弦量与复数间的对应关系

51. 关于正弦交流电相量的叙述，以下说法正确的是（　　）。

    A. 模表示正弦量的最大值　　　　　B. 模表示正弦量的瞬时值

    C. 幅角表示正弦量的相位　　　　　D. 幅角表示正弦量的初相位

52. 正弦量用相量形式表示时，只有在（　　　）时可进行计算。

　　A. 幅值相同　　　　B. 相位相同　　　　C. 频率相同　　　　D. 无要求

53. 正弦量用相量形式表示时，在（　　　）不同时不能进行计算。

　　A. 有效值　　　　　B. 初相位　　　　　C. 频率　　　　　　D. 幅值

54. 如下图所示，正弦交流电的最大值为（　　　）mV。

　　A. 14.1　　　　　　B. 10　　　　　　　C. 0.01　　　　　　D. 100

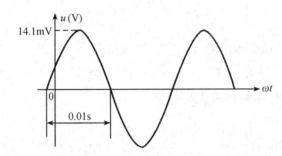

55. 如上图所示，正弦交流电的（　　　）为 14.1 mV。

　　A. 最大值　　　　　B. 平均值　　　　　C. 有效值　　　　　D. 瞬时值

56. 如下图所示，正弦交流电的（　　　）为 3.14 rad/s。

　　A. 频率　　　　　　B. 角频率　　　　　C. 相位角　　　　　D. 幅值

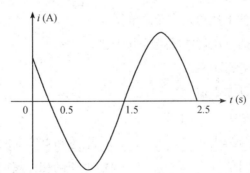

57. 如上图所示，正弦交流电的频率为（　　　）Hz。

　　A. 0.5　　　　　　 B. 2.5　　　　　　 C. 3.14　　　　　　D. 1.5

58. 如下图所示，正弦交流电的初相位为（　　　）。

　　A. 30°　　　　　　 B. 60°　　　　　　 C. 120°　　　　　　D. 210°

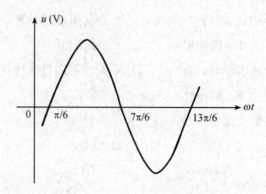

59. 如上图所示，正弦交流电的（　　）为 π/6。

　　A. 工作相位　　　　B. 角度　　　　　C. 初相位　　　　　D. 幅值

60. 两个阻抗 Z_1、Z_2 串联时的总阻抗为（　　）。

　　A. $Z_1 + Z_2$ 　　　　　　　　　　B. $Z_1 \cdot Z_2$

　　C. $Z_1 \cdot Z_2 / (Z_1 + Z_2)$ 　　　　D. $1/Z_1 + 1/Z_2$

61. 两个阻抗 Z_1、Z_2 并联后与 Z_3 串联，总阻抗为（　　）。

　　A. $Z_1 + Z_2 + Z_3$ 　　　　　　　B. $Z_1 \cdot Z_2 \cdot Z_3$

　　C. $Z_3 + Z_1 \cdot Z_2 / (Z_1 + Z_2)$ 　　D. $(1/Z_1 + 1/Z_2) \cdot Z_3$

62. 串联谐振时，电路中（　　）。

　　A. 电感和电容上的电压总是小于总电压

　　B. 电感和电容上的电压可能超过总电压

　　C. 阻抗最大、电流最小

　　D. 电压的相位超前于电流

63. 串联谐振时，电路中（　　）。

　　A. 阻抗最小、电流最大　　　　　B. 电感和电容上的电压总是小于总电压

　　C. 电抗值等于电阻值　　　　　　D. 电压的相位超前于电流

64. 并联谐振时，电路中（　　）。

　　A. 电感和电容支路的电流总是小于总电流

　　B. 电感和电容支路的电流可能超过总电流

　　C. 总阻抗最小、总电流最大

D. 电源电压的相位超前于总电流

65. 并联谐振时，电路中（   ）。

A. 总阻抗最大、总电流最小   B. 电感和电容支路的电流总是小于总电流

C. 电抗值等于电阻值   D. 电源电压的相位超前于总电流

66. 某元件两端的交流电压相位（   ）流过它的交流电流，则该元件为容性负载。

A. 超前于   B. 等同于

C. 滞后于   D. 可能超前也可能滞后于

67. 流过电容的交流电流相位超前于（   ）。

A. 电容中的漏电流   B. 电容上累积的电荷

C. 电容上充放电的电压   D. 电容两端的交流电压

68. 在 RC 串联电路中，总电压与电流的相位差角与电路元件 R、C 的参数及（   ）有关。

A. 电压、电流的大小   B. 电压、电流的相位

C. 电压、电流的方向   D. 电源频率

69. 在 RC 串联电路中，（   ）与总电流之间的相位差角与电路元件 R、C 的参数及电源频率有关。

A. 电阻 R 上的电压   B. 电容 C 上的电压

C. 电容 C 上的电流   D. 总电压

70. RC 串联电路的复阻抗为（   ）。

A. $1+j\omega R$ B. $1+j\omega RC$ C. $R+j/(\omega C)$ D. $R-j/(\omega C)$

71. （   ）电路的复阻抗为 $R+1/j\omega C$。

A. RC 串联   B. RC 并联   C. RL 串联   D. RL 并联

72. RL 串联电路的复阻抗为（   ）。

A. $L+j\omega R$ B. $1+j\omega RL$ C. $R+j\omega L$ D. $R-j\omega L$

73. RL 串联电路的复阻抗为（   ）。

A. $R+jX$ B. $R+X$ C. $R+jL$ D. $R+\omega L$

74. RL 串联电路中，总电压与电流的相位关系为（   ）。

A. 电压落后电流 φ B. 电压超前电流 φ

C. 电压超前电流 90°   D. 电压落后电流 90°

75. RL 串联电路中，（   ）超前电流 90°。

     A. 电阻两端电压   B. 电感两端电压

     C. 总电压   D. R 或 L 两端电压

76. 在下图中，各线圈的电阻、电感、电源端电压、电灯的电阻、交流电的频率均相同，最暗的电灯是（   ）。

     A. a 灯   B. b 灯   C. c 灯   D. a 灯和 c 灯

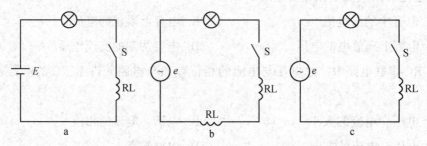

77. 在上图中，各线圈的电阻、电感、电源端电压、电灯的电阻、交流电的频率均相同，消耗功率最大的电灯是（   ）。

     A. a 灯   B. b 灯   C. c 灯   D. b 灯和 c 灯

78. 两个阻抗并联的电路，它的总阻抗（   ）。

     A. 为两个阻抗之和

     B. 为两个阻抗之差

     C. 与并联电阻计算方法一样

     D. 与并联电阻计算方法相同，但要以复阻抗代替电阻

79. 两个阻抗并联的电路，它的总阻抗的幅角为（   ）。

     A. 两个阻抗的幅角之和   B. 两个阻抗的幅角之乘积

     C. 总阻抗实部与虚部之比的反正切   D. 总阻抗虚部与实部之比的反正切

80. RLC 并联电路在满足条件（   ）时产生谐振。

     A. $\omega L = \omega C$ B. $1/(\omega L) = \omega C$

     C. $\omega L = \omega C = R$ D. $XL - XC = 0$

81. RLC 并联电路的谐振条件是（　　　）。

    A. $\omega L + \omega C = 0$
    B. $\omega L - 1/(\omega C) = 0$

    C. $1/(\omega L) - \omega C = R$
    D. $X_L + X_C = 0$

82. （　　　）三个相电压等于线电压，且三相电流相等。

    A. 三相负载三角形联结时
    B. 对称三相负载三角形联结时

    C. 对称三相负载星形联结时
    D. 对称三相负载星形联结时

83. 对称三相负载三角形联结时，相电压等于线电压，且（　　　）。

    A. 相电流等于线电流的 1.732 倍
    B. 相电流等于线电流

    C. 线电流等于相电流的 3 倍
    D. 线电流等于相电流的 1.732 倍

84. 在负载星形联结的三相对称电路中，相电流的（　　　）。

    A. 相位超前线电流 30°
    B. 相位滞后线电流 30°

    C. 幅值与线电流相同
    D. 幅值是线电流的 1.732 倍

85. 在负载星形联结的三相对称电路中，中性线电流等于（　　　）。

    A. 相电流的 1.732 倍
    B. 相电流

    C. 相电流的 3 倍
    D. 零

86. 在三相四线制中性点接地供电系统中，相电压是指（　　　）的电压。

    A. 相线之间
    B. 中性线对地之间

    C. 相线对零线之间
    D. 相线对地之间

87. 在三相四线制中性点接地供电系统中，（　　　）。

    A. 相电压是指相线对地之间的电压

    B. 中性线对地之间电压总是为零

    C. 线电压是指相线对相线之间的电压

    D. 线电压是指相线对零线之间的电压

88. 三相对称负载三角形联结时，若每相负载的阻抗为 38 Ω，接在线电压为 380 V 的三相交流电路中，则电路的相电流为（　　　）A。

    A. 22　　　　　B. 10　　　　　C. 17.3　　　　　D. 5.79

89. 三相对称负载三角形联结时，若每相负载的阻抗为（　　　）Ω，接在线电压为

380 V 的三相交流电路中，则电路的线电流为 17.3 A。

    A. 22   B. 38   C. 17.3   D. 5.79

90. 额定电压都为 220 V 的 40 W、60 W 和 100 W 的三个灯泡串联在 220 V 的电源中，它们的发热量由小到大排列为（　　　）。

    A. 100 W、60 W、40 W   B. 40 W、60 W、100 W

    C. 100 W、40 W、60 W   D. 60 W、100 W、40 W

91. 额定电压都为 220 V 的 40 W、60 W 和 100 W 的三个灯泡并联在 220 V 的电源中，它们的发热量由大到小排列为（　　　）。

    A. 100 W、60 W、40 W   B. 40 W、60 W、100 W

    C. 100 W、40 W、60 W   D. 60 W、100 W、40 W

92. 三相交流电路中，总功率为（　　　）。

    A. $P = 1.732 U_{p} I_{e} \cos\varphi$ B. $P = 3 U_{p} I_{e} \cos\varphi$

    C. $P = 3 U_{e} I_{p} \cos\varphi$ D. $P = 3 U_{e} I_{e} \sin\varphi$

93. 三相交流电路中，总功率为（　　　）。

    A. $P = 1.732 U_{p} I_{p} \cos\varphi$ B. $P = P_{a} + P_{b} + P_{c}$

    C. $P = 3 U_{e} I_{e} \cos\varphi$ D. $P = 3 U_{e} I_{e} \sin\varphi$

94. 带中性线的三相不对称电路中的（　　　）。

    A. 相电压不对称   B. 线电压不对称

    C. 中性点产生位移   D. 中性线电流不为零

95. 三相不对称电路中的中性线（　　　）。

    A. 可以不接   B. 不可接熔断器

    C. 电流不为零   D. 使中性点产生位移

96. 三相三线制电路总功率可以用三表法或（　　　）来测量。

    A. 一表法   B. 二表法   C. 五表法   D. 四表法

97. （　　　）电路总功率可以用二表法来测量。

    A. 三相三线制   B. 三相四线制   C. 三相五线制   D. 单相

98. 三相四线制对称负载总功率可以用（　　　）来测量。

A. 一表法　　　　B. 二表法　　　　C. 三表法　　　　D. 二表法或三表法

99. 测量三相四线制电路的总功率时，二表法（　　　）。

A. 适用于不对称负载　　　　　　　B. 适用于对称负载

C. 适用于不对称负载或对称负载　　D. 不适用于不对称负载或对称负载

100. 工厂为了提高 $\cos\varphi$，在电路上并联的电容（　　　）。

A. 只能很小　　B. 大小可调　　C. 越大越好　　D. 小些好

101. 工厂为了提高 $\cos\varphi$，常采用的措施是并联适当的（　　　）。

A. 电感　　　　B. 电容　　　　C. 电阻　　　　D. 电动势

102. 为了提高电网的（　　　），可采用的措施是降低供电设备消耗的无功功率。

A. 功率因数　　B. 电流因数　　C. 电压因数　　D. 总功率

103. 为了提高电网的功率因数，可采用的措施是（　　　）供电设备消耗的无功功率。

A. 增加　　　　B. 降低　　　　C. 消除　　　　D. 无视

104. 当电路的（　　　）发生变化时，电路从原稳定状态经过渡过程后进入新的稳定状态。

A. 状态　　　　　　　　　　　　B. 参数

C. 连接方式　　　　　　　　　　D. 状态、参数或连接方式

105. 当电路的状态、参数或连接方式发生变化时，电路从原稳定状态经过渡过程后（　　　）。

A. 停止工作　　　　　　　　　　B. 进入调整状态

C. 回到原来的稳定状态　　　　　D. 进入新的稳定状态

106. 在过渡过程中，流过电感元件的电流（　　　）。

A. 逐渐增加　　B. 突然变化　　C. 保持不变　　D. 逐渐变化

107. 在过渡过程结束时，流过电感元件的电流（　　　）。

A. 逐渐增加　　B. 逐渐减小　　C. 保持稳定　　D. 等于零

108. 由于（　　　），电路产生过渡过程。

A. 电路中的储能元件参数变化　　B. 电路中元件的储能发生变化

C. 电路发生变化　　　　　　　　D. 电路发生变化时元件的储能发生变化

109. 电路在变化时，不产生过渡过程的原因是（　　）。

  A. 电路中不存在储能元件   B. 电路中存在耗能元件

  C. 电路中仅元件参数发生变化 D. 电路中存在储能元件，且电路发生变化

110. 电路过渡过程中，电容两端电压（　　）。

  A. 逐渐增加 B. 逐渐降低   C. 保持不变   D. 逐渐变化

111. 电容两端电压在过渡过程中（　　）。

  A. 逐渐增加 B. 逐渐降低   C. 不能突变   D. 保持不变

112. 电容元件换路定律的应用条件是电容的（　　）。

  A. 电流 i_C 逐渐增加   B. 电流 i_C 有限

  C. 电流 i_C 不能突变   D. 电压 u_C 不能突变

113. 电容元件换路定律的（　　）是电容的电流 i_C 有限。

  A. 表达形式 B. 结论   C. 应用条件   D. 使用对象

114. 电感元件换路定律的应用条件是电感的（　　）。

  A. 电流 i_L 逐渐增加   B. 电压 u_L 有限

  C. 电流 i_L 不能突变   D. 电压 u_L 不能突变

115. 电感元件换路定律的（　　）是电感的电压 u_L 有限。

  A. 表达形式 B. 结论   C. 应用条件   D. 使用对象

116. RL 电路过渡过程的时间常数 $\tau=$（　　）。

  A. $-R/L$ B. L/R C. $-Rt/L$ D. R/Lt

117. RL 电路中，若 $R=10\ \Omega$，$L=20\ \text{mH}$，则过渡过程的时间常数 $\tau=$（　　）。

  A. 0.5 ms B. 0.5 s   C. 2 ms   D. 2 s

118. $\tau=L/R$ 是（　　）电路过渡过程的时间常数。

  A. RL   B. RC   C. RLC 串联 D. RLC 混联

119. RC 电路中，若 $R=1\ \text{k}\Omega$，$C=2\ \mu\text{F}$，则过渡过程的时间常数 $\tau=$（　　）。

  A. 0.5 ms B. 0.5 μs   C. 2 ms   D. 200 ms

120. 分析过渡过程的三要素法中的三要素为（　　）、$f\,(\infty)$ 和 τ。

  A. $f\,(0_-)$ B. $f\,(\infty_+)$ C. $f\,(0_+)$ D. T

121. $f(0_+)$、$f(\infty)$ 和 τ 称为求解电路过渡过程的（　　）。

  A. 时间常数　　　B. 稳态值　　　　C. 暂态分量　　　D. 三要素

122. 高低压供电系统通常由高压电源进线、高压配电所、高压配电线、（　　）、低压配电线等组成。

  A. 低压配电所　　　　　　　　B. 变电所

  C. 低压联络开关　　　　　　　D. 分段隔离线

123. （　　）通常由高压电源进线、高压配电所、高压配电线、变电所、低压配电线等组成。

  A. 高低压供电系统　　　　　　B. 高压供电系统

  C. 低压供电系统　　　　　　　D. 配电系统

124. 用电设备容量在 250 kW 及以下的供电系统，通常采用低压供电，（　　）。

  A. 只需设置一个低压配电室

  B. 需设置一个变电所和一个低压配电室

  C. 需设置一个高压配电室和一个低压配电室

  D. 只需设置一个低压变电所

125. 用电设备容量在 250 kW 及以下的供电系统，通常采用（　　）。

  A. 高压供电　　　　　　　　　B. 高压供电及低压配电

  C. 高压或低压供电　　　　　　D. 低压供电

126. 衡量供电系统质量的指标包括电压和（　　）的质量。

  A. 频率　　　　　B. 电流　　　　　C. 功率因数　　　D. 电压偏差

127. 衡量（　　）的指标包括电压和频率的质量。

  A. 供电系统质量　　　　　　　B. 发电系统质量

  C. 公共电网质量　　　　　　　D. 接地系统质量

128. 电力负荷按其对供电可靠性的要求，以及中断供电在政治、经济上所造成的损失或影响程度，分为（　　）。

  A. 二级　　　　　B. 三级　　　　　C. 四级　　　　　D. 多级

129. （　　）按其对供电可靠性的要求，以及中断供电在政治、经济上所造成的损失或影响程度，分为三级。

    A. 电力系统   B. 供电系统   C. 电力负荷   D. 电力线路

130. 在变配电所中，（   ）称为一次回路，控制、指示、测量和保护一次设备运行的电路称为二次回路。

    A. 变压器一次侧

    B. 高压线路和设备

    C. 担负输送和分配电能任务的电路

    D. 直接与变压器二次侧相连的电路

131. 在变配电所中，将控制、指示、测量和保护一次设备运行的电路称为（   ）。

    A. 一次回路   B. 二次回路   C. 保护电路   D. 辅助电路

132. 380 V/220 V 配电系统中一般采取中性点（   ）的运行方式。

    A. 直接接地   B. 不接地

    C. 经高阻抗接地   D. 经消弧线圈接地

133. （   ）配电系统中一般采取中性点直接接地的运行方式。

    A. 3~63 kV   B. 110 kV 以下

    C. 380 V/220 V   D. 矿山、井下、易燃易爆等危险场所

134. 低压配电系统中的中性线的功能是（   ）、传导三相系统中的不平衡电流和单相电流、减少负荷中性点的电位偏移。

    A. 传导三相系统中的单相电流   B. 连接用电设备的接地线

    C. 连接使用相电压的单相设备   D. 传导三相系统中的三次谐波电流

135. 低压配电系统中的（   ）的功能是连接使用相电压的单相设备、传导三相系统中的不平衡电流和单相电流、减少负荷中性点的电位偏移。

    A. 相线   B. 接地线   C. 保护线   D. 中性线

136. 380 V/220 V 配电系统电源中性点直接接地的运行方式分为 TN-C 系统、TN-S 系统、（   ）系统和 TT 系统。

    A. TN   B. TN-S-C   C. TN-C-S   D. TI

137. 380 V/220 V 配电系统电源中性点直接接地的运行方式中 TN-S 系统表示系统中的

（　　　　）。

    A. 中性线与保护线共用一根导线

    B. 中性线与保护线完全分开

    C. 中性线与保护线在前边共用，而在后边部分或全部分开

    D. 中性线接到中性点，保护线接地

138. 三相四线制系统中的 PEN 线称为（　　　　）。

    A. 中性线　　　　　B. 保护中性线　　　　C. 相线　　　　　　　D. 接地线

139. TN-S 系统中的 PE 线（　　　　）。

    A. 也称为 PEN 线　　　　　　　　　　B. 是保护中性线

    C. 是从中性线上分接出来的　　　　　　D. 是用于防止发生触电事故的保护线

140. 把电气设备的金属外壳、构件与系统中的（　　　　）可靠连接称为保护接地。

    A. 零线 N　　　　　B. PE 线　　　　　　C. PEN 线　　　　　　D. 专用接地装置

专业知识

一、判断题（将判断结果填入括号中。正确的填"√"，错误的填"×"）

1. 共发射极放大电路中，三极管的集电极静态电流的大小与集电极电阻无关。（　　　）

2. 放大电路交流负载线的斜率仅取决于放大电路的集电极电阻。（　　　）

3. 微变等效电路中，直流电源与耦合电容都可以看成是短路的。（　　　）

4. 分压式偏置放大电路中，对静态工作点起稳定作用的元件是基极分压电阻。（　　　）

5. 输入电阻大、输出电阻小是共集电极放大电路的特点之一。（　　　）

6. 共基极放大电路的输出信号与输入信号的相位是相同的。（　　　）

7. 多级放大电路中，后级放大电路的输入电阻就是前级放大电路的输出电阻。（　　　）

8. 影响放大电路上限频率的因素主要是三极管的结间电容。（　　　）

9. 采用直流负反馈的目的是稳定静态工作点，采用交流负反馈的目的是改善放大电路的性能。（　　　）

10. 放大电路中，凡是并联反馈，其反馈量都取自输出电流。（　　　）

11. 正反馈与负反馈通常采用"稳态极性法"来判断。 （　　）

12. 电压串联负反馈可以提高输入电阻、减小输出电阻。 （　　）

13. 差动放大电路采用对称结构是为了抵消两个三极管放大倍数的差异。 （　　）

14. 把双端输出改为单端输出，差动放大电路的差模放大倍数减小一半。 （　　）

15. 运算放大器的输入级都采用差动放大。 （　　）

16. 在运算放大器参数中，输入电阻数值越大越好。 （　　）

17. 运算放大器组成的同相比例放大电路的反馈组态为电压串联负反馈。 （　　）

18. 用运算放大器组成的电平比较器电路工作于线性状态。 （　　）

19. 根据功率放大电路中三极管静态工作点在交流负载线上的位置不同，功率放大电路可分为两种。 （　　）

20. 乙类功率放大器电源提供的功率与输出功率的大小无关。 （　　）

21. 电源电压为±12 V 的 OCL 电路的输出端静态电压应该调整到 6 V。 （　　）

22. OTL 功率放大器输出端的静态电压应调整为电源电压的一半。 （　　）

23. 正弦波振荡电路是由放大电路、选频网络和正反馈电路组成的。 （　　）

24. RC 桥式振荡电路中同时存在正反馈与负反馈。 （　　）

25. 从交流通路来看，三点式 LC 振荡电路中电感或电容的中心抽头应该与接地端相连。 （　　）

26. 与电感三点式振荡电路相比较，电容三点式振荡电路的振荡频率更高。 （　　）

27. 串联型稳压电源中，放大环节的作用是扩大输出电流的范围。 （　　）

28. 采用三端式集成稳压电路 7809 的稳压电源，其输出通过外接电路可以扩大输出电流，也可以扩大输出电压。 （　　）

29. 与门的逻辑功能为：全 1 出 0，有 0 出 1。 （　　）

30. 74 系列 TTL（晶体管–晶体管逻辑）集成门电路的电源电压值可以取 3~18 V。 （　　）

31. 或非门的逻辑功能为：有 1 出 0，全 0 出 1。 （　　）

32. 普通晶闸管中间 P 层的引出极是门极。 （　　）

33. 普通晶闸管额定电流的大小是以工频正弦半波电流的有效值来表示的。 （　　）

34. 单相半波可控整流电路带电阻性负载，在 $\alpha = 60°$ 时输出电流平均值为 10 A，则晶闸管电流的有效值为 15.7 A。　　　　　　　　　　　　　　　　　　（　　）

35. 单相半波可控整流电路带大电感负载时，续流二极管上的电流大于晶闸管上的电流。　　　　　　　　　　　　　　　　　　　　　　　　　　　　　　　　（　　）

36. 对于单相全控桥式整流电路，晶闸管 VT1 无论是短路还是断路，电路都可作为单相半波整流电路工作。　　　　　　　　　　　　　　　　　　　　　　　　（　　）

37. 单相全控桥式整流电路带大电感负载时，无论是否接续流二极管，其输出电压都可能出现负值。　　　　　　　　　　　　　　　　　　　　　　　　　　　　（　　）

38. 单相半控桥式整流电路带大电感负载时，必须并联续流二极管才能正常工作。

（　　）

39. 单相半控桥式整流电路带电阻性负载，交流输入电压为 220 V，当 $\alpha = 60°$ 时的输出直流电压平均值 $U_d = 99$ V。　　　　　　　　　　　　　　　　　　　（　　）

40. 三相半波可控整流电路带大电感负载，无续流二极管，在 $\alpha = 60°$ 时的输出电压为 $0.58U_2$。　　　　　　　　　　　　　　　　　　　　　　　　　　　　　（　　）

41. 单结晶体管是一种特殊类型的三极管。　　　　　　　　　　　　　　　（　　）

42. 在常用晶闸管触发电路的输出级中采用脉冲变压器可起阻抗匹配作用，降低脉冲电压，增大输出电流，可靠触发晶闸管。　　　　　　　　　　　　　　　　　　（　　）

43. 在晶闸管过电流保护电路中，要求直流快速断路器先于快速熔断器动作。（　　）

44. 常用压敏电阻实现晶闸管的过电压保护。　　　　　　　　　　　　　（　　）

45. 在单相晶闸管直流调速系统中，给定电压与电压负反馈信号比较后产生的偏差信号作为单结晶体管触发电路的输入信号，使触发脉冲产生移相，从而使直流电动机的转速稳定。　　　　　　　　　　　　　　　　　　　　　　　　　　　　　　　（　　）

46. 使用直流单臂电桥测量一个估计为 100 Ω 的电阻时，比例臂应选 ×0.01。（　　）

47. 测量 1 Ω 以下的小电阻宜采用直流双臂电桥。　　　　　　　　　　（　　）

48. 使用通用示波器测量波形的峰—峰值时，应将 Y 轴微调旋钮置于中间位置。（　　）

49. 晶体管特性图示仪能测量三极管的共基极输入、输出特性。　　　　　（　　）

50. 低频信号发生器输出信号的频率通常在 1 Hz 到 200 kHz（或 1 MHz）。（　　）

51. 晶体管毫伏表测量前应选择合适的量程，通常应不大于被测电压值。（　　）

52. 变压器工作时，其一次、二次绕组电流比与一次、二次绕组匝数比成正比。（　　）

53. 当 $K>1$、$N_1>N_2$、$U_1>U_2$ 时，变压器为升压变压器。（　　）

54. 变压器工作时，二次绕组磁动势对一次绕组磁动势起去磁作用。（　　）

55. 变压器带感性负载运行时，二次侧端电压随负载电流增大而降低。（　　）

56. 变压器的空载试验可以测定变压器的变比、空载电流和铜耗。（　　）

57. 变压器的短路试验可以测定变压器的铜耗和阻抗电压。（　　）

58. 三相电力变压器的二次侧输出电压一般可以通过分接头开关来调节。（　　）

59. 三相变压器二次侧的额定电压是指变压器在额定负载时，一次侧加上额定电压后，二次侧两端的电压值。（　　）

60. 变压器一次、二次绕组绕向相同，则一次绕组始端和二次绕组始端为同名端。（　　）

61. 一台三相变压器的联结组标号为 Yd-11，则变压器的高压绕组为三角形联结。（　　）

62. 三相变压器并联运行时，要求并联运行的三相变压器的额定电流相等，否则不能并联运行。（　　）

63. 为了监视中小型电力变压器的温度，可通过手背触摸变压器外壳的方法判断其温度是否过高。（　　）

64. 电压互感器相当于空载运行的降压变压器。（　　）

65. 电流互感器使用时，铁芯及二次绕组的一端不接地。（　　）

66. 对交流电焊变压器的要求是：空载时引弧电压为 60~75 V，有负载时电压要求急剧下降。（　　）

67. 磁分路动铁式电焊变压器焊接电流的调节方法有改变二次绕组匝数和改变串联电抗器匝数两种。（　　）

68. 带电抗器的电焊变压器的分接开关应接电焊变压器的一次绕组。（　　）

69. 动圈式电焊变压器通过改变一次、二次绕组的相对位置来调节焊接电流，具体来说一次绕组是可动的。（　　）

70. 直流弧焊发电机由三相交流异步电动机和直流电焊发电机组成。 （　　　）

71. 直流电机按磁场的励磁方式可分为他励式、并励式、串励式、单励式等。 （　　　）

72. 直流电机转子由电枢铁芯、电枢绕组、换向器等组成。 （　　　）

73. 直流电动机电枢绕组可分为叠绕组、波绕组和蛙形绕组。 （　　　）

74. 直流电机既可作为电动机运行，又可作为发电机运行。 （　　　）

75. 在直流电动机中，换向绕组应与主极绕组串联。 （　　　）

76. 当磁通恒定时，直流电动机的电磁转矩和电枢电流成平方关系。 （　　　）

77. 直流电动机的机械特性是指在稳定运行的情况下，电动机转速与电磁转矩之间的关系。 （　　　）

78. 直流电机一般不允许直接启动，而要在电枢电路中串入启动电阻限制启动电流，启动电流越小越好。 （　　　）

79. 励磁绕组反接法控制并励直流电动机正反转的原理是：保持电枢电流方向不变，改变励磁绕组电流方向。 （　　　）

80. 直流电动机电枢绕组回路中串联电阻调速，转速随电枢回路电阻的增大而上升。 （　　　）

81. 直流电动机电磁转矩与电枢旋转方向相反时，电动机处于制动运行状态。 （　　　）

82. 直流发电机的运行特性有外特性和负载特性两种。 （　　　）

83. 异步电动机的额定功率是指电动机在额定工作状态运行时的输入功率。 （　　　）

84. 异步电动机的工作方式（定额）有连续、短时和断续三种。 （　　　）

85. 三相异步电动机的转速取决于电源频率和极对数，与转差率无关。 （　　　）

86. 三相异步电动机转子的转速越低，电动机的转差率越大，转子电动势频率越高。 （　　　）

87. 带有额定负载转矩的三相异步电动机，若使电源电压低于额定电压，则其电流就会低于额定电流。 （　　　）

88. 异步电动机的启动性能主要包括启动转矩和启动电流。 （　　　）

89. 电动机采用减压方式启动的特点是启动时转矩大大提高。 （　　　）

90. 丫-△减压启动方式只适合于轻载或空载下的启动。 （　　　）

91. 电动机采用自耦变压器减压启动，当自耦变压器降压系数 $K = 0.6$ 时，启动转矩是额定电压启动时启动转矩的 60%。（　　）

92. 绕线转子异步电动机由于能在转子回路串联电阻，因此它不能获得较大的启动转矩和较小的启动电流。（　　）

93. 变极调速就是通过改变电动机定子绕组的接法，从而改变定子绕组的极对数 p，实现电动机的调速。（　　）

94. 三相笼型异步双速电动机通常有 △/丫丫 和 △/△ △ 两种联结方法。（　　）

95. 能耗制动是在电动机切断三相电源的同时，把直流电源通入定子绕组，直到转速为零时再切断直流电源。（　　）

96. 电阻分相电动机工作绕组的电流和启动绕组中的电流有近 90° 的相位差，从而使转子产生启动转矩而启动。（　　）

97. 使用兆欧表测定绝缘电阻时，应使兆欧表转速达到 180 r/min 以上。（　　）

98. 根据运行方式和功率转换关系，同步电机可分为同步发电机、同步电动机、同步补偿机三类。（　　）

99. 同步电动机采用异步启动法时，先从定子三相绕组通入三相交流电源，当转速达到同步转速时，向转子励磁绕组中通入直流励磁电流，将电动机牵入同步运行状态。（　　）

100. 若按励磁方式来分，直流测速发电机可分为永磁式和他励式两大类。（　　）

101. 在自动控制系统中，把输入的电信号转换成电动机轴上的角位移或角速度的装置称为测速电动机。（　　）

102. 步进电动机是一种把脉冲信号转变成直线位移或角位移的设备。（　　）

103. 电磁调速异步电动机采用改变异步电动机定子电压的方法进行转速调节。（　　）

104. 交磁电动机扩大机中去磁绕组的作用是减小剩磁电压。（　　）

105. 低压电器按在电气线路中的地位和作用可分为低压配电电器和低压开关电器两大类。（　　）

106. 金属栅片灭弧是把电弧分成并接的短电弧。（　　）

107. 在交流接触器中，当电器容量较小时，可采用双断口结构触头来熄灭电弧。

（　　）

108. 直流接触器一般采用磁吹式灭弧装置。　　　　　　　　　（　　）

109. 交流接触器吸引线圈只有交流吸引线圈，没有直流吸引线圈。（　　）

110. 接触器为保证触头磨损后仍能保持可靠接触，应保持一定数值的超程。（　　）

111. 过电流继电器正常工作时，线圈通过的电流在额定值范围内，衔铁吸合，常开触点闭合。　　　　　　　　　　　　　　　　　　　　　　　　　（　　）

112. 电磁式电流继电器的动作值与释放值可用调整压力弹簧的方法来调整。（　　）

113. 欠电压继电器在额定电压时，衔铁不吸合，常开触点断开。　　　（　　）

114. 热继电器误动作是因为其电流整定值太大。　　　　　　　　　（　　）

115. 熔断器的安秒特性曲线用于表示流过熔体的电流与熔体熔断时间的关系。（　　）

116. 高压熔断器和低压熔断器的熔体只要额定电流一样，两者可以互用。（　　）

117. 低压断路器欠电压脱扣器的额定电压应等于线路额定电压。　　（　　）

118. 晶体管时间继电器按构成原理分为整流式和感应式两类。　　　（　　）

119. 控制电路要求延时精度高时，应选用晶体管时间继电器。　　　（　　）

120. 速度继电器转轴转速达到 120 r/min 以上时触点动作，转速低于 60 r/min 时触点复位。　　　　　　　　　　　　　　　　　　　　　　　　　　　　　（　　）

121. 晶体管接近开关采用最多的是电磁感应型晶体管接近开关。　　（　　）

122. Ｙ-△减压启动自动控制线路是按时间控制原则来控制的。　　（　　）

123. 交流接触器具有欠电压保护作用。　　　　　　　　　　　　　（　　）

124. 按钮、接触器双重联锁的正反转控制电路中，双重联锁的作用是防止电源的相间短路。　　　　　　　　　　　　　　　　　　　　　　　　　　　　　（　　）

125. 为了能在多地控制同一台电动机，多地的启动按钮、停止按钮应采用启动按钮常开触点并联、停止按钮常闭触点串联。　　　　　　　　　　　　　　　（　　）

126. 三相笼型异步电动机减压启动可采用定子绕组串电阻减压启动、星形三角形减压启动、自耦变压器减压启动、延边星形减压启动等方法。　　　　　　　（　　）

127. 在机床电气控制中，反接制动就是改变输入电动机的电源相序，使电动机反向旋转。　　　　　　　　　　　　　　　　　　　　　　　　　　　　　（　　）

128. 绕线转子异步电动机转子绕组串联电阻启动控制线路中，与启动按钮串联的接触

器常闭触点的作用是保证转子绕组中接入全部电阻启动。　　　　　　　（　　）

129. 调整频敏变阻器的匝数比，以及铁芯与铁轭间的气隙大小，就可改变启动电流和转矩的大小。　　　　　　　　　　　　　　　　　　　　　　　　　　（　　）

130. 异步电动机变频调速装置的功能是将电网的恒压恒频交流电变换为变压变频交流电，对交流电动机供电，实现交流无级调速。　　　　　　　　　　　　　（　　）

131. 变压变频调速系统调速时，必须同时调节定子电源的电压和频率。　　（　　）

132. 变频器的三相交流电源进线端子（R、S、T）接线时，应按正确相序接线，否则将影响电动机的旋转方向。　　　　　　　　　　　　　　　　　　　　　（　　）

133. 异步电动机软启动器的基本组成包括晶闸管三相交流调压器。　　　　（　　）

134. 他励直流电动机的启动一般可采用电枢回路串电阻启动和减小电枢电压启动的方法。　　　　　　　　　　　　　　　　　　　　　　　　　　　　　　（　　）

135. 励磁绕组反接法控制他励直流电动机正反转的原理是：保持电枢电流方向不变，改变励磁绕组电流方向。　　　　　　　　　　　　　　　　　　　　　　（　　）

136. 直流电动机处于制动运行状态时，其电磁转矩与转速方向相反，电动机吸收机械能变成电能。　　　　　　　　　　　　　　　　　　　　　　　　　　（　　）

137. 要求有大启动转矩、负载变化时转速允许变化的设备，如电气机车等，宜采用并励直流电动机。　　　　　　　　　　　　　　　　　　　　　　　　　（　　）

138. 直流发电机-直流电动机自动调速系统采用变电枢电压调速时，最高转速等于或大于额定转速。　　　　　　　　　　　　　　　　　　　　　　　　　　（　　）

139. C6150 车床走刀箱操作手柄只有正转、停止、反转三个挡位。　　　　（　　）

140. C6150 车床电气控制电路电源电压为交流 220 V。　　　　　　　　　　（　　）

141. Z3040 摇臂钻床主运动与进给运动由两台电动机驱动。　　　　　　　（　　）

142. Z3040 摇臂钻床控制电路电源电压为交流 220 V。　　　　　　　　　（　　）

143. M7130 平面磨床砂轮电动机启动后才能开启冷却泵电动机。　　　　　（　　）

144. M7130 平面磨床砂轮电动机的电气控制电路采用过电流继电器作为电动机过载保护。　　　　　　　　　　　　　　　　　　　　　　　　　　　　　　　（　　）

145. 传感器是工业自动化的眼睛，是各种控制系统的重要组成部分。　　　（　　）

146. 传感器虽然品种繁多，但它们的最大特点是可以相互通用。（　　）

147. 磁性式接近开关是根据光电感应原理工作的。（　　）

148. 感应式接近开关只要接近任何物体，就可以产生通断信号。（　　）

149. 由一个发光器和一个收光器组成的光电开关称为对射式光电开关。（　　）

150. 光电反射式开关由三部分构成，分别为发射器、接收器和检测电路。（　　）

151. 旋转式编码器的控制输出形式有推挽式、电压式、集电极开路式、线性驱动式等，要根据不同负载选用。（　　）

152. PLC（可编程序控制器）技术、CAD/CAM（计算机辅助设计/计算机辅助制造）技术和工业机器人技术已成为现代工业自动化的三大支柱。（　　）

153. 美国通用汽车公司于 1968 年提出用新型控制器代替传统继电接触控制系统的要求。（　　）

154. 可编程序控制器具有在线修改功能。（　　）

155. 可编程序控制器的输入端可与机械系统上的触点开关、接近开关、传感器等直接连接。（　　）

156. 可编程序控制器的控制速度取决于 CPU（中央处理器）的速度和扫描周期。（　　）

157. 可编程序控制器是采用软件编程来达到控制功能的。（　　）

158. 可编程序控制器的梯形图与继电器控制原理图的元器件符号是相同的。（　　）

159. 可编程序控制器控制系统的输入主要是指收集并保存被控对象实际运行的数据和信息。（　　）

160. 能接收外部信号是可编程序控制器中软继电器的特点。（　　）

161. 光电耦合电路的核心是光电耦合器，由发光二极管和光敏三极管构成。（　　）

162. 可编程序控制器一般由 CPU、存储器、输入/输出接口、电源和编程器五部分组成。（　　）

163. 根据程序的作用不同，PLC 的存储器分为监控程序存储器和诊断程序存储器两种。（　　）

164. 可编程序控制器在硬件和软件的支持下，通过执行用户程序来完成控制任务。（　　）

165. FX 系列 PLC 内部所有继电器都采用十进制编号。 （ ）

166. PLC 的扫描既可按固定顺序进行，也可按用户程序规定的可变顺序进行。 （ ）

167. PLC 的一个扫描周期工作过程是指读入输入状态到发出输出信号所用的时间。

（ ）

168. 可编程序控制器的主要技术性能为接线方式和价格。 （ ）

169. FX$_2$ 系列 PLC 输入不能采用晶闸管。 （ ）

170. PLC 输出类型有继电器、三极管和双向晶闸管三种。 （ ）

171. 梯形图语言是符号语言，不是图形语言。 （ ）

172. 不同系列 PLC 的型号和配置不同，但指令系统是相同的。 （ ）

173. 在 PLC 梯形图中，同一编号的线圈在一个程序中使用两次称为双线圈输出，双线圈输出不会引起误操作。 （ ）

174. 在 PLC 梯形图中，两个或两个以上的线圈可以并联输出。 （ ）

175. 由于软元件的状态可以无限调用，因此输入继电器可提供无数对"常开触点"和"常闭触点"给用户编程时使用。 （ ）

176. PLC 中只能由外部信号驱动，而不能由程序指令驱动的继电器称为输入继电器。

（ ）

177. PLC 中用来控制外部负载，但只能由程序指令驱动的继电器称为输出继电器。

（ ）

178. 辅助继电器不能控制外部负载，但线圈可直接和电源相连接。 （ ）

179. 只有执行 END 指令，计数器的当前值才复位为零。 （ ）

180. PLC 梯形图中的编程触点是编程元件的常开触点和常闭触点，编程线圈是编程元件的线圈。 （ ）

181. "主母线"与"副母线"是两根相互平行的竖直线，主母线在左，副母线在右。

（ ）

182. 继电器原理图中继电器的触点可以加在线圈右边，而 PLC 的梯形图中是不允许的。

（ ）

183. 在梯形图编程中，2 个或 2 个以上触点并联连接的电路称为并联电路块。 （ ）

184. 在梯形图编程中，触点块之间串联的电路称为串联电路块。　　　　　（　　）

185. 可编程序控制器只能通过手持式编程器编制控制程序。　　　　　（　　）

186. 编程器的液晶显示屏在编程时能显示元器件的工作状态。　　　　　（　　）

187. FX_2 系列 PLC 的输入端有 RUN 端，当 RUN 端和 COM 端接通时，PLC 处于停止状态。　　　　　（　　）

188. 可编程序控制器只能通过简易编程器编制控制程序。　　　　　（　　）

189. 在 PLC 的型号选择时，用户程序所需内存容量、控制内容和用户的编程水平无关。
　　　　　（　　）

190. PLC 的输出在同一公共点内不可以驱动不同电压等级的负载。　　　　　（　　）

191. PLC 最好使用专用接地线，如果难以做到，则可以和其他设备公共接地，也可以和其他设备串联接地。　　　　　（　　）

192. PLC 的硬件接线不包括控制柜与编程器之间的接线。　　　　　（　　）

193. PLC 的安装质量与 PLC 的工作可靠性和使用寿命有关。　　　　　（　　）

194. PLC 除了锂电池及输入、输出触点外，几乎没有经常性损耗的元器件。　　　　　（　　）

195. FX_{2N} 系列可编程序控制器面板上的 "BATT. V" 指示灯点亮时，应检查程序是否有错。　　　　　（　　）

二、单项选择题（选择一个正确的答案，将相应的字母填入题内的括号中）

1. 共发射极放大电路中三极管的集电极静态电流的大小与（　　）有关。
   A. 集电极电阻　　　　　　　　　B. 基极电阻
   C. 三极管的最大集电极电流　　　　D. 负载电阻

2. 共发射极放大电路中（　　）的大小与集电极电阻无关。
   A. 三极管的集电极静态电流　　　　B. 输出电流
   C. 电压放大倍数　　　　　　　　D. 输出电阻

3. 放大电路交流负载线的斜率与放大电路的（　　）无关。
   A. 总负载电阻　　　B. 负载电阻　　　C. 集电极电阻　　　D. 输入电阻

4. 若三极管静态工作点在交流负载线上位置定得太高，会造成输出信号的（　　）。
   A. 饱和失真　　　B. 截止失真　　　C. 交越失真　　　D. 线性失真

5. 在微变等效电路中，直流电源可以看成是（　　　）。

    A. 短路的   B. 开路的   C. 一个电阻   D. 可调电阻

6. 在微变等效电路中，耦合电容可以看成是（　　　）。

    A. 短路的   B. 开路的

    C. 一个电阻   D. 与电容量成比例的电阻

7. 分压式偏置放大电路中对静态工作点起稳定作用的元器件是（　　　）。

    A. 集电极电阻   B. 发射极旁路电容

    C. 发射极电阻   D. 基极偏置电阻

8. 分压式偏置放大电路中发射极电阻对（　　　）起稳定作用。

    A. 三极管的 β 放大倍数   B. 电压放大倍数

    C. 静态工作点   D. 电源电压

9. 输入电阻大、输出电阻小是（　　　）放大电路的特点之一。

    A. 共发射极   B. 共基极   C. 共集电极   D. 共栅极

10. 射极输出器（　　　）放大能力。

    A. 具有电压   B. 具有电流   C. 具有功率   D. 不具有任何

11. （　　　）放大电路的输出信号与输入信号的相位是相同的。

    A. 共发射极   B. 共基极   C. 共源极   D. 共栅极

12. 共基极放大电路常用于（　　　）中。

    A. 高频振荡电路   B. 低频振荡电路

    C. 中频振荡电路   D. 窄频带放大电路

13. 多级放大电路中，前级放大电路的输出电阻就是后级放大电路的（　　　）。

    A. 输出电阻   B. 信号源内阻   C. 负载电阻   D. 偏置电阻

14. 多级放大电路中，后级放大电路的（　　　）就是前级放大电路的负载电阻。

    A. 输出电阻   B. 信号源内阻   C. 输入电阻   D. 偏置电阻

15. 影响放大电路下限频率的因素主要是（　　　）。

    A. 三极管的结间电容   B. 耦合电容

    C. 分布电容   D. 电源的滤波电容

16. 三极管的结间电容是影响放大电路（　　）的主要因素。

　　A. 上限频率　　　　B. 下限频率　　　　C. 中频段特性　　　D. 低频段附加相移

17. 采用交流负反馈的目的是（　　）。

　　A. 减小输入电阻　　　　　　　　B. 稳定静态工作点

　　C. 改善放大电路的性能　　　　　D. 提高输出电阻

18. 反馈就是把放大电路（　　）通过一定的电路倒送回输入端的过程。

　　A. 输出量的一部分　　　　　　　B. 输出量的一部分或全部

　　C. 输出量的全部　　　　　　　　D. 扰动量

19. 放大电路中，凡是并联反馈，其反馈量在输入端的连接方法是（　　）。

　　A. 与电路输入电压相加减　　　　B. 与电路输入电流相加减

　　C. 与电路输入电压或电流相加减　D. 与电路输入电阻并联

20. 放大电路中，凡是串联反馈，其反馈量取自（　　）。

　　A. 输出电压　　　　　　　　　　B. 输出电流

　　C. 输出电压或输出电流　　　　　D. 输出电阻

21. 采用瞬时极性法判断反馈极性时，若电路是串联反馈，则反馈信号的极性（　　）电路为正反馈。

　　A. 为正时　　　　　　　　　　　B. 为负时

　　C. 为正或为负都可以确定　　　　D. 为正或为负都不可以确定

22. 带反馈的放大电路的反馈极性可采用（　　）来判别。

　　A. 瞬时极性法　　　　　　　　　B. 极性法

　　C. 输出电压短路法　　　　　　　D. 输出电流短路法

23. 电压并联负反馈可以（　　）。

　　A. 提高输入电阻与输出电阻　　　B. 减小输入电阻与输出电阻

　　C. 提高输入电阻，减小输出电阻　D. 减小输入电阻，提高输出电阻

24. 电流串联负反馈可以（　　）。

　　A. 提高输入电阻与输出电阻　　　B. 减小输入电阻与输出电阻

　　C. 提高输入电阻，减小输出电阻　D. 减小输入电阻，提高输出电阻

25. 差动放大电路采用对称结构是为了（　　　）。

    A. 抵消两个三极管的零漂　　　　　　B. 提高电压放大倍数

    C. 稳定电源电压　　　　　　　　　　D. 提高输入电阻

26. 差动放大电路放大的是（　　　）。

    A. 两个输入信号之和　　　　　　　　B. 两个输入信号之差

    C. 直流信号　　　　　　　　　　　　D. 交流信号

27. 把双端输入改为单端输入，差动放大电路的差模放大倍数（　　　）。

    A. 不确定　　　　B. 不变　　　　C. 增加一倍　　　　D. 减小一半

28. 设双端输入、双端输出差动放大电路的差模放大倍数为 1 000 倍，改为单端输入、单端输出时差模放大倍数为（　　　）倍。

    A. 1 000　　　　B. 500　　　　C. 250　　　　D. 2 000

29. 运算放大器的（　　　）都采用差动放大。

    A. 中间级　　　　B. 输入级　　　　C. 输出级　　　　D. 偏置电路

30. 运算放大器的中间级都采用（　　　）。

    A. 阻容耦合方式　　B. 乙类放大电路　　C. 共发射极电路　　D. 差动放大电路

31. 运算放大器参数中，（　　　）数值越小越好。

    A. 输入电阻　　　　　　　　　　　　B. 输入失调电压

    C. 共模放大倍数　　　　　　　　　　D. 差模放大倍数

32. 运算放大器参数中，输出电阻数值（　　　）。

    A. 越大越好　　　　B. 越小越好　　　　C. 大小要适当　　　　D. 大小不重要

33. 运算放大器组成的反相比例放大电路的反馈组态为（　　　）负反馈。

    A. 电压串联　　　　B. 电压并联　　　　C. 电流串联　　　　D. 电流并联

34. 运算放大器组成的（　　　）的反馈组态为电压串联负反馈。

    A. 差分放大电路　　　　　　　　　　B. 反相比例放大电路

    C. 同相比例放大电路　　　　　　　　D. 积分电路

35. 用运算放大器组成的（　　　）电路工作于非线性开关状态。

    A. 比例放大器　　　B. 电平比较器　　　C. 加法器　　　D. 跟随器

36. 用运算放大器组成的电平比较器电路工作于非线性开关状态，一定具有（　　　）。

    A. 正反馈　　　　B. 负反馈　　　　C. 无反馈　　　　D. 正反馈或无反馈

37. 根据功率放大电路中晶体三极管（　　　）在交流负载线上的位置不同，功率放大电路可分为三种。

    A. 静态工作点　　B. 基极电流　　　C. 集电极电压　　D. 集电极电流

38. 根据功率放大电路中晶体三极管静态工作点在（　　　）上的位置不同，功率放大电路可分为三种。

    A. 直流负载线　　B. 交流负载线　　C. 横坐标　　　　D. 纵坐标

39. 甲类功率放大器电源提供的功率（　　　）。

    A. 随输出功率增大而增大　　　　　B. 随输出功率增大而减小

    C. 与输入功率的大小有关　　　　　D. 是一个由设计者确定的恒定值

40. 甲乙类功率放大器电源提供的功率（　　　）。

    A. 随输出功率增大而增大　　　　　B. 随输出功率增大而减小

    C. 与输出功率的大小无关　　　　　D. 是一个由设计者确定的恒定值

41. 电源电压为 ±9 V 的 OCL 电路输出端的静态电压应该调整到（　　　）V。

    A. +9　　　　　B. −9　　　　　C. 4.5　　　　　D. 0

42. 电源电压为 ±12 V 的 OCL 电路，为避免交越失真，输出端的静态电压应该调整到（　　　）V。

    A. +12　　　　　B. −12　　　　　C. 0.5　　　　　D. 0

43. 电源电压为 24 V 的 OTL 电路，输出端的静态电压应该调整到（　　　）V。

    A. 24　　　　　B. 12　　　　　C. 6　　　　　D. 0

44. OTL 功率放大电路中与负载串联的电容具有（　　　）的功能。

    A. 传送输出信号　　　　　　　　　B. 传送输入信号

    C. 对电源滤波　　　　　　　　　　D. 提高输入信号电压

45. 正弦波振荡电路是由放大电路加上选频网络和（　　　）组成的。

    A. 负反馈电路　　B. 正反馈电路　　C. 整形电路　　　D. 滤波电路

46. 振荡电路中振荡频率最稳定的类型是（　　　）振荡电路。

A. 变压器耦合 LC   B. 石英晶体

C. 电感三点式   D. 电容三点式

47. RC 桥式振荡电路中用选频网络（　　　　）。

A. 同时作为正反馈电路   B. 同时作为正反馈与负反馈电路

C. 同时作为负反馈电路   D. 不作为反馈电路

48. RC 桥式振荡电路中的闭环放大倍数（　　　　）。

A. >3   B. ≥3   C. >1/3   D. ≥1/3

49. 从交流通路来看，电感三点式振荡电路中电感的 3 个端钮应该与三极管的（　　　　）相连。

A. 发射极和基极   B. 集电极和基极

C. 发射极和集电极   D. 三个极

50. 电感三点式振荡电路中，电感的中心抽头应该与（　　　　）相连。

A. 发射极   B. 基极   C. 电源   D. 接地端

51. 从交流通路来看，电容三点式振荡电路中电容的 3 个端钮应该与三极管的（　　　　）相连。

A. 发射极和基极   B. 集电极和基极

C. 发射极和集电极   D. 三个极

52. 电容三点式振荡电路中，电容的中心抽头应该与（　　　　）相连。

A. 发射极   B. 基极   C. 电源   D. 接地端

53. 串联稳压电源中，放大环节的作用是（　　　　）。

A. 提高输出电流的稳定性   B. 提高输出电压的稳定性

C. 降低交流电源电压   D. 对输出电压进行放大

54. 串联稳压电源中，放大管的输入电压是（　　　　）。

A. 基准电压   B. 取样电压

C. 输出电压   D. 取样电压与基准电压之差

55. 根据三端式集成稳压电路 7805 的型号可以得知，其输出（　　　　）。

A. 电压是+5 V   B. 电压是−5 V

C. 电流是 5 A   D. 电压和电流要查产品手册才知道

56. 采用三端式集成稳压电路 7912 的稳压电源，其输出（   ）。

    A. 电压是+12 V   B. 电压是−12 V

    C. 电流是 12 A   D. 电压和电流要查产品手册才知道

57. 或门的逻辑功能为（   ）。

    A. 全 1 出 0，有 0 出 1   B. 有 1 出 1，全 0 出 0

    C. 有 1 出 0，全 0 出 1   D. 全 1 出 1，有 0 出 1

58. 非门的逻辑功能为（   ）。

    A. 有 1 出 1   B. 有 0 出 0   C. 有 1 出 0   D. 全 0 出 1，有 1 出 0

59. 74 系列 TTL 集成门电路的输出低电平电压约为（   ）V。

    A. 5   B. 3.4   C. 0.3   D. 0

60. 74 系列 TTL 集成门电路的输出高电平电压约为（   ）V。

    A. 5   B. 3.4   C. 0.3   D. 0

61. 与非门的逻辑功能为（   ）。

    A. 全 1 出 1，有 0 出 0   B. 全 1 出 0，有 0 出 1

    C. 有 1 出 1，有 0 出 0   D. 全 0 出 0，有 1 出 1

62. 一个四输入与非门，使其输出为 0 的输入变量取值组合有（   ）种。

    A. 15   B. 8   C. 7   D. 1

63. 普通晶闸管 N2 层的引出极是（   ）。

    A. 基极   B. 门极   C. 阳极   D. 阴极

64. 普通晶闸管是一种（   ）半导体器件。

    A. PNP 三层   B. NPN 三层   C. PNPN 四层   D. NPNP 四层

65. 普通晶闸管额定电流的大小是以（   ）来表示的。

    A. 工频正弦全波电流平均值   B. 工频正弦半波电流平均值

    C. 工频正弦全波电流有效值   D. 工频正弦半波电流有效值

66. 普通晶闸管的门极触发电流的大小是以（   ）来表示的。

    A. 使元器件完全开通所需的最大门极电流

B. 使元器件完全开通所需的最小门极电流

C. 使元器件完全开通所需的最小阳极电流

D. 使元器件完全开通所需的最大阳极电流

67. 单相半波可控整流电路带电阻性负载，在 $\alpha = 90°$ 时输出电压平均值为 22.5 V，则整流变压器二次侧的电压有效值为（　　）V。

    A. 45　　　　　　B. 10　　　　　　C. 100　　　　　　D. 90

68. 单相半波可控整流电路带电阻性负载，整流变压器二次侧的电压有效值为 90 V，在 $\alpha = 180°$ 时输出电压平均值为（　　）V。

    A. 0　　　　　　B. 45　　　　　　C. 60　　　　　　D. 90

69. 单相半波可控整流电路带大电感负载并联续流二极管，在 $\alpha = 90°$ 时输出电压平均值为 22.5 V，则整流变压器二次侧的电压有效值为（　　）V。

    A. 45　　　　　　B. 10　　　　　　C. 100　　　　　　D. 90

70. 单相半波可控整流电路带大电感负载并联续流二极管，整流变压器二次侧的电压有效值为 90 V，在 $\alpha = 180°$ 时输出电压平均值为（　　）V。

    A. 0　　　　　　B. 45　　　　　　C. 60　　　　　　D. 90

71. 单相全控桥式整流电路带电阻性负载时，晶闸管的导通角为（　　）。

    A. 120°　　　　　　　　　　　　B. 180°

    C. $\pi - \alpha$　　　　　　　　　　　　D. 与触发延迟角 α 无关

72. 单相全控桥式整流带电感负载电路中，触发延迟角 α 的移相范围是（　　）。

    A. 0°~90°　　　　B. 0°~180°　　　　C. 90°~180°　　　　D. 180°~360°

73. 单相全控桥式整流电路带大电感负载并联续流二极管，整流变压器二次侧的电压有效值为 90 V，在 $\alpha = 180°$ 时输出电压平均值为（　　）V。

    A. 0　　　　　　B. 45　　　　　　C. 60　　　　　　D. 90

74. 单相全控桥式整流电路带电阻性负载，在 $\alpha = 60°$ 时整流变压器二次侧的电压有效值为 100 V，则输出电压平均值为（　　）V。

    A. 0　　　　　　B. 45　　　　　　C. 67.5　　　　　　D. 90

75. 单相半控桥式整流电路带电阻性负载时，晶闸管的导通角是（　　）。

A. 120° 　　　　　　　　　　　B. 180°

C. $\pi-\alpha$ 　　　　　　　　　　D. 与触发延迟角 α 无关

76. 单相半控桥式电感性负载电路中，在负载两端并联一个续流二极管的目的是（　　　）。

A. 增加晶闸管的导电能力 　　　　B. 抑制温漂

C. 增加输出电压稳定性 　　　　　D. 防止失控现象

77. 单相半控桥式整流电路带电阻性负载，交流输入电压为 220 V，当 $\alpha=90°$ 时的输出直流电压平均值 U_d 为（　　　）V。

A. 110 　　　　B. 99 　　　　C. 148.5 　　　　D. 198

78. 单相半控桥式整流电路带电感性负载电路中，当 $\alpha=60°$ 时的输出直流电压平均值 $U_d=148.5$ V，交流输入电压 U_2 为（　　　）V。

A. 110 　　　　B. 220 　　　　C. 100 　　　　D. 200

79. 三相半波可控整流电路带大电感负载，接续流二极管，在 $\alpha=60°$ 时的输出电压为（　　　）U_2。

A. 0.34 　　　　B. 0.45 　　　　C. 0.58 　　　　D. 0.68

80. 三相半波可控整流电路带电阻性负载，在 $\alpha=30°$ 时的输出电压约为（　　　）。

A. U_2 　　　　B. $0.45U_2$ 　　　　C. $0.58U_2$ 　　　　D. $0.68U_2$

81. 单结晶体管是一种特殊类型的二极管，它具有（　　　）。

A. 2 个电极 　　　B. 3 个电极 　　　C. 1 个基极 　　　D. 2 个 PN 结

82. 单结晶体管也称为（　　　）。

A. 二极管 　　　　　　　　　　　B. 双基极二极管

C. 特殊三极管 　　　　　　　　　D. 晶体管

83. 在常用晶闸管触发电路的输出级中，采用脉冲变压器的作用包括阻抗匹配、降低脉冲电压、增大输出电流以可靠触发晶闸管和（　　　）。

A. 将触发电路与主电路进行隔离

B. 提高脉冲电压、减小输出触发电流

C. 提高控制精度

D. 减小晶闸管额定电流

84. 在常用晶闸管触发电路的输出级中，采用脉冲变压器可以（　　）。

A. 保证输出触发脉冲的正确极性

B. 阻抗匹配、提高脉冲电压、减小输出电流触发晶闸管

C. 提高控制精度

D. 减小晶闸管额定电流

85. 在晶闸管过电流保护电路中，要求（　　）先于快速熔断器动作。

A. 过电流继电器　　　　　　　　　B. 阻容吸收装置

C. 直流快速断路器　　　　　　　　D. 压敏电阻

86. 常用的晶闸管过电流保护采用（　　）。

A. 快速熔断器　　　　　　　　　　B. 阻容吸收装置

C. 热敏电阻　　　　　　　　　　　D. 压敏电阻

87. 常用的晶闸管过电压保护采用压敏电阻和（　　）。

A. 直流快速断路器　　　　　　　　B. 脉冲移相过电流保护

C. 快速熔断器　　　　　　　　　　D. RC 吸收装置

88. （　　）可作为晶闸管过电压保护元器件。

A. 直流快速断路器　　　　　　　　B. 脉冲移相过电流保护

C. 快速熔断器　　　　　　　　　　D. 硒堆

89. 在单相晶闸管直流调速系统中，（　　）可以防止系统产生振荡，使直流电动机的转速更稳定。

A. 电流负反馈信号　　　　　　　　B. 电压负反馈信号

C. 电压微分负反馈信号　　　　　　D. 转速负反馈信号

90. 在单相晶闸管直流调速系统中，触发电路采用（　　）。

A. 单结晶体管触发电路　　　　　　B. 正弦波同步触发电路

C. 锯齿波同步触发电路　　　　　　D. 集成触发电路

91. 使用直流单臂电桥测量一个估计为几十欧姆的电阻时，比例臂应选（　　）。

A. ×0.01　　　　　B. ×0.1　　　　　C. ×1　　　　　D. ×10

92. 当单臂电桥平衡时，比例臂的数值（　　　）比较臂的数值，就是被测电阻的读数。

　　A. 乘以　　　　　　　B. 除以　　　　　　C. 加上　　　　　　D. 减去

93. 测量（　　　）宜采用直流双臂电桥。

　　A. 1 Ω 以下的低值电阻　　　　　　　　　B. 10 Ω 以下的小电阻

　　C. 1~100 Ω 的小电阻　　　　　　　　　　D. 1 Ω~10 MΩ 的电阻

94. 采用直流双臂电桥测量小电阻时，被测电阻的电流端钮应接在电位端钮的（　　　）。

　　A. 并联侧　　　　　B. 内侧　　　　　　C. 外侧　　　　　　D. 内侧或外侧

95. 使用通用示波器测量包含直流成分的电压波形时，应将 Y 轴耦合方式选择开关置于（　　　）位置。

　　A. AC　　　　　　　B. DC　　　　　　　C. 任意　　　　　　D. GND

96. 使用通用示波器测量波形的周期时，应将 X 轴扫描微调旋钮置于（　　　）位置。

　　A. 任意　　　　　　B. 最大　　　　　　C. 校正　　　　　　D. 中间

97. 晶体管特性图示仪测量 NPN 型三极管的共发射极输出特性时，应选择（　　　）。

　　A. 集电极扫描信号极性为 "−"，基极阶梯信号极性为 "+"

　　B. 集电极扫描信号极性为 "−"，基极阶梯信号极性为 "−"

　　C. 集电极扫描信号极性为 "+"，基极阶梯信号极性为 "+"

　　D. 集电极扫描信号极性为 "+"，基极阶梯信号极性为 "−"

98. 使用晶体管特性图示仪测量三极管各种极限参数时，一般将阶梯作用开关置于（　　　）位置。

　　A. 关　　　　　　　B. 单簇　　　　　　C. 重复　　　　　　D. 任意

99. 低频信号发生器一般都能输出（　　　）信号。

　　A. 正弦波　　　　　B. 梯形波　　　　　C. 锯齿波　　　　　D. 尖脉冲

100. 低频信号发生器的最大输出电压随（　　　）的调节发生变化。

　　A. 输出频率　　　　B. 输出衰减　　　　C. 输出幅度　　　　D. 输出波形

101. 晶体管毫伏表测量前应先进行（　　　）。

　　A. 机械调零　　　　　　　　　　　　　　B. 电气调零

　　C. 机械调零和电气调零　　　　　　　　　D. 输入端开路并调零

102. 晶体管毫伏表的最大特点除了输入灵敏度高外，还有（　　　）。

    A. 输入抗干扰性能强　　　　　　　　B. 输入抗干扰性能弱

    C. 输入阻抗低　　　　　　　　　　　D. 输入阻抗高

103. 变压器工作时，其一次、二次绕组电压比与一次、二次绕组匝数比成（　　　）。

    A. 正比关系　　　B. 反比关系　　　C. 平方关系　　　D. 三次方关系

104. 变压器除了能改变电压、电流的大小外，还能变换（　　　）。

    A. 直流阻抗　　　B. 交流阻抗　　　C. 交直流阻抗　　　D. 电阻

105. 当（　　　）时，变压器为升压变压器。

    A. $K>1$、$N_1>N_2$、$U_1>U_2$　　　　　　B. $K<1$、$N_1<N_2$、$U_1<U_2$

    C. $K>1$、$N_1<N_2$、$U_1>U_2$　　　　　　D. $K<1$、$N_1>N_2$、$U_1<U_2$

106. 当变压器为降压变压器时，变压器的（　　　）。

    A. 一次绕组匝数大于或等于二次绕组匝数

    B. 二次绕组匝数大于一次绕组匝数

    C. 一次绕组匝数大于二次绕组匝数

    D. 一次绕组匝数小于或等于二次绕组匝数

107. 在变压器带负载运行情况下，当电源电压不变、负载变化时，变压器的主磁通（　　　）。

    A. 随负载增加而增加　　　　　　　　B. 随负载减小而减小

    C. 基本保持不变　　　　　　　　　　D. 可能增加也可能减小

108. 变压器空载运行时，空载电流流过一次绕组，产生的磁通可分为主磁通及（　　　）。

    A. 去磁磁通　　　B. 增磁磁通　　　C. 辅助磁通　　　D. 漏磁通

109. 变压器带容性负载运行时，二次侧端电压随负载电流增大而（　　　）。

    A. 升高　　　B. 不变　　　C. 降低很多　　　D. 降低很少

110. 变压器带感性负载运行时，二次侧端电压随负载电流增大而（　　　）。

    A. 升高很多　　　B. 升高很少　　　C. 不变　　　D. 降低

111. 变压器空载试验时，所用的仪表准确度等级不应低于（　　　）级。

    A. 0.2　　　　　　B. 0.5　　　　　　C. 1　　　　　　D. 3

112. 变压器的空载损耗包括铁耗和（　　）。

    A. 涡流损耗　　　B. 电感损耗　　　C. 电阻损耗　　　D. 铜耗

113. 变压器进行短路试验时，变压器的一次侧（高压侧）经调压器接入电源，二次侧（低压侧）绕组短接，在一次侧加（　　）。

    A. 额定电压　　　　　　　　　　B. 额定电流

    C. 额定电压和额定电流　　　　　D. 额定电压和一定电流

114. 变压器进行短路试验时，一次绕组所加电压很低，所以变压器的（　　）非常小，可以忽略不计。

    A. 负载损耗　　　B. 铜耗　　　C. 铁耗　　　D. 铁耗和铜耗

115. 三相电力变压器的二次侧输出电压一般可以通过（　　）来调节。

    A. 分接头开关　　　　　　　　　B. 低压接线端

    C. 分接头开关和低压接线端　　　D. 高压接线端

116. 油浸式三相电力变压器干燥器的玻璃筒中装有（　　），具有呼吸作用。

    A. 变压器油　　　B. 硅胶　　　C. 水银　　　D. 气体

117. 三相变压器铭牌上所标的额定电压、额定电流是指（　　）。

    A. 线电压和线电流　　　　　　　B. 相电压和相电流

    C. 线电压和相电流　　　　　　　D. 相电压和线电流

118. 某单相电力变压器的额定容量为 $S_n = 250 \text{ kV} \cdot \text{A}$，一次侧额定电压为 10 kV，则一次侧额定电流为（　　）。

    A. $I_{1N} = 25 \text{ A}$　　B. $I_{1N} = 625 \text{ A}$　　C. $I_{2N} = 625 \text{ A}$　　D. $I_{2N} = 25 \text{ A}$

119. 变压器一次、二次绕组绕向相反，则（　　）为同名端。

    A. 一次绕组始端和二次绕组始端

    B. 一次绕组始端和二次绕组尾端

    C. 一次绕组尾端和二次绕组尾端

    D. 一次绕组始端和二次绕组任意端

120. 用交流法测定变压器绕组的极性时，把 X 端和 x 端联结起来，在一次（高压）绕组中通过低压交流电，分别测量一次绕组电压 U_1、二次绕组电压 U_2，以及 A 端和 a 端之间电压 U_3。若 U_3 是（　　），则 A 端和 a 端是同名端。

    A. 2（U_1+U_2）   B. U_1 和 U_2 两个数值之和

    C. U_1 和 U_2 两个数值之差   D. 2（U_1-U_2）

121. 一台三相变压器的联结组标号为 Dy-11，表示变压器（　　）。

    A. 一次、二次绕组均为星形联结

    B. 一次、二次绕组均为三角形联结

    C. 一次绕组为星形联结、二次绕组为三角形联结

    D. 一次绕组为三角形联结、二次绕组为星形联结

122. 时钟表示法把变压器（　　）。

    A. 二次侧线电压作为时钟的分（长）针，一次侧相对应的线电压作为时钟的短针

    B. 一次侧线电压作为时钟的分（长）针，二次侧相对应的线电压作为时钟的短针

    C. 一次侧线电压作为时钟的短针，二次侧相对应的相电压作为时钟的分（长）针

    D. 一次侧相电压作为时钟的分（长）针，二次侧相对应的线电压作为时钟的短针

123. 三相变压器并联运行，要求并联运行的三相变压器的联结组标号（　　）。

    A. 必须相同，否则不能并联运行

    B. 不可相同，否则不能并联运行

    C. 差值不超过 1 即可

    D. 只要相等，Y/Y 联结和 Y/△ 联结的变压器也可并联运行

124. 并联运行的变压器要求三相变压器的（　　）。

    A. 一次、二次电压应对应相同，联结组标号可以不相同

    B. 一次、二次电压可以不相同，但联结组标号必须相同

    C. 一次、二次电压应对应相同，联结组标号也相同

    D. 一次、二次电压及联结组标号都可以不相同

125. 为了监视中小型电力变压器的温度，可通过（　　）的方法判断其温度是否过高。

    A. 手背触摸变压器外壳

    B. 在变压器外壳上滴几滴冷水看是否立即沸腾蒸发

    C. 安装温度计于变压器合适位置

    D. 测变压器室的室温

126. 中小型电力变压器的常见故障有过热现象、绕组故障和（　　）。

    A. 温升低　　　　B. 低热　　　　　C. 主绝缘击穿　　　D. 铁芯故障

127. 在电压互感器使用时正确的方法是（　　）。

    A. 二次绕组短路　　　　　　　　B. 铁芯和二次绕组的一端接地

    C. 二次绕组不准装设熔断器　　　D. 铁芯和二次绕组的一端不接地

128. 为了便于使用，尽管电压互感器一次绕组额定电压有 6 000 V、10 000 V 等，但二次绕组额定电压一般都设计为（　　）V。

    A. 400　　　　　B. 300　　　　　C. 200　　　　　　D. 100

129. 电流互感器使用时，正确的方法是（　　）。

    A. 二次绕组开路　　　　　　　　B. 铁芯和二次绕组的一端接地

    C. 二次绕组装设熔断器　　　　　D. 铁芯和二次绕组的一端不接地

130. 电流互感器使用时，不正确的方法是（　　）。

    A. 二次绕组短路　　　　　　　　B. 铁芯和二次绕组的一端接地

    C. 二次绕组装设熔断器　　　　　D. 二次绕组不准装设熔断器

131. 对交流电焊变压器的要求是：空载时，要有足够的引弧电压；有负载时，电压要求急剧下降，额定负载时约为（　　）V。

    A. 30　　　　　　B. 50　　　　　C. 60　　　　　　D. 80

132. 为了满足电焊工艺的要求，交流电焊变压器应具有（　　）的外特性。

    A. 平直　　　　　B. 陡降　　　　C. 上升　　　　　D. 稍有下降

133. 磁分路动铁式电焊变压器焊接电流的调节有粗调和细调，细调是通过（　　）实现的。

    A. 改变一次绕组的匝数　　　　　B. 改变串联电抗器的匝数

    C. 移动二次绕组的位置　　　　　D. 移动铁芯的位置

134. 磁分路动铁式电焊变压器焊接电流的调节方法有改变二次绕组的匝数和（　　）两种。

A. 移动铁芯的位置　　　　　　　　B. 改变串联电抗器的匝数

C. 二次绕组的移动　　　　　　　　D. 改变一次绕组的匝数

135. 带电抗器的电焊变压器的分接开关应接在电焊变压器的（　　）。

A. 一次绕组侧　　　　　　　　　　B. 二次绕组侧

C. 一次绕组和二次绕组之间　　　　D. 分接开关之后

136. 带电抗器的电焊变压器的焊接电流的调节通过（　　）来实现。

A. 移动铁芯的位置　　　　　　　　B. 二次绕组的匝数

C. 可变电抗器的气隙　　　　　　　D. 串联电抗器的匝数

137. 动圈式电焊变压器通过改变一次、二次绕组的相对位置来调节焊接电流，具体来说是（　　）。

A. 绕组间距增大、焊接电流增大　　B. 绕组间距增大、焊接电流减小

C. 绕组间距增大、焊接电流不变　　D. 绕组间距减小、焊接电流减小

138. 动圈式电焊变压器通过改变一次、二次绕组的相对位置来调节焊接电流，绕组间距最大时，（　　），焊接电流最小。

A. 漏抗最大、空载输出电压低　　　B. 漏抗最小、空载输出电压低

C. 漏抗最大、空载输出电压高　　　D. 漏抗最小、空载输出电压高

139. 整流式直流电焊机由三相降压整流变压器、（　　）、三相硅整流器组、输出电抗器等部分组成。

A. 三相交流调压器　　　　　　　　B. 三相饱和电抗器

C. 三相晶闸管交流调压器　　　　　D. 直流电焊发电机

140. 直流弧焊发电机由三相交流异步电动机、（　　）等部分组成。

A. 直流发电机　　　　　　　　　　B. 三相饱和电抗器

C. 三相晶闸管交流调压器　　　　　D. 直流电焊发电机

141. 直流电机按磁场的励磁方式可分为并励式、复励式、串励式、（　　）等。

A. 独励式　　　　B. 串并励式　　　　C. 他励式　　　　D. 单励式

142. 复励式直流电机主极励磁绕组分成两组，（　　）。

A. 一组与电枢绕组并联，一组与电枢绕组串联

B. 两组都与电枢绕组并联或两组都与电枢绕组串联

C. 两组都与电枢绕组并联

D. 两组都与电枢绕组串联

143. 在直流电动机中产生换向磁场的装置是（　　　）。

    A. 主磁极　　　　　B. 换向极　　　　　C. 电枢绕组　　　　　D. 换向器

144. 直流电动机的主极磁场是指（　　　）。

    A. 主磁极产生的磁场　　　　　　　　B. 换向极产生的磁场

    C. 电枢绕组产生的磁场　　　　　　　D. 补偿绕组产生的磁场

145. 直流电动机电枢绕组可分为叠绕组、蛙形绕组和（　　　）。

    A. 复形绕组　　　　B. 波绕组　　　　C. 双绕组　　　　B. 同心绕组

146. 直流电动机电枢绕组可分为叠绕组和波绕组，叠绕组又可分为单叠绕组和（　　　）。

    A. 双叠绕组　　　　B. 三叠绕组　　　　C. 复叠绕组　　　　D. 多叠绕组

147. 对直流发电机和电动机来说，换向器作用不同，直流电动机换向器的作用是完成（　　　）。

    A. 交流电动势、电流转换成直流电动势、电流

    B. 直流电动势、电流转换成交流电动势、电流

    C. 交直流电动势、电流转换成交流电动势、电流

    D. 直流电动势、电流转换成交直流电动势、电流

148. 从直流电机的工作原理可知，直流电机（　　　）。

    A. 可作为电动机运行

    B. 只可作为电动机运行，不可作为发电机运行

    C. 可作为发电机运行

    D. 既可作为电动机运行，又可作为发电机运行

149. 按国家标准，换向火花等级有 1 级、3 级、（　　　）级等。

    A. 0.5　　　　　　B. 2　　　　　　C. 2.5　　　　　　D. 3.5

150. 在直流电动机中，换向绕组应（　　　）。

A. 与主极绕组串联

B. 与电枢绕组串联

C. 一组与电枢绕组串联，另一组与电枢绕组并联

D. 一组与主极绕组串联，另一组与主极绕组并联

151. 当电枢电流不变时，直流电动机的电磁转矩和磁通成（　　　）。

A. 平方关系　　　B. 反比关系　　　C. 正比关系　　　D. 立方关系

152. 直流电机的电磁转矩是由电枢电流和（　　　）产生的。

A. 电枢电压　　　B. 磁通　　　C. 磁场电压　　　D. 励磁电压

153. 直流电动机的启动方法一般可以采用电枢回路串电阻启动和（　　　）。

A. 直接启动　　　　　　　　　B. 全压启动

C. 电枢电压减压启动　　　　　D. 励磁回路串电阻启动

154. 直流电动机系统中采用电枢电压减压启动方法的有直流发电机–电动机系统和（　　　）。

A. 电动机直接启动系统　　　　　B. 晶闸管–电动机系统

C. 晶闸管–电动机励磁系统　　　　D. 直流发电机–电动机励磁系统

155. 改变直流电动机转向，可采取（　　　）的措施。

A. 同时改变电枢回路和励磁回路供电电压极性

B. 同时改变电枢电流和励磁电流方向

C. 仅改变电枢电流方向

D. 同时将电枢绕组和励磁绕组反接

156. 改变直流电动机转向有改变电枢电流、励磁电流方向等方法，由于（　　　），一般都采用改变电枢电流方法改变直流电动机转向。

A. 励磁绕组匝数较多、电感较大、反向磁通建立过程长

B. 励磁绕组匝数较少、电感较大、反向磁通建立过程长

C. 电枢绕组匝数多、电感较大、反向磁通建立过程长

D. 电枢绕组匝数较少、电感较大、反向磁通建立过程长

157. 直流电动机采用电枢绕组回路中串电阻调速时，具体为（　　　）。

　A. 电枢回路串联电阻增大、转速上升

　B. 电枢回路串联电阻增大、转速下降

　C. 电枢回路串联电阻增大、转速可能上升也可能下降

　D. 电枢回路串联电阻减小、转速下降

158. 直流电动机采用改变励磁电流调速时，具体为（　　　）。

　A. 励磁电流减小、转速升高　　　　　B. 励磁电流减小、转速降低

　C. 励磁电流增加、转速升高　　　　　D. 励磁回路串联附加电阻增加、转速降低

159. 直流电动机的电气制动方式有回馈制动、反接制动和（　　　）三种。

　A. 独立制动　　　　　　　　　　　B. 能耗制动

　C. 串联电阻制动　　　　　　　　　D. 电枢制动

160. 直流电动机在能耗制动过程中，电动机处于（　　　），将能量消耗在电阻上。

　A. 电动运行状态，将系统动能转变为电能

　B. 电动运行状态，将系统电能转变为动能

　C. 发电运行状态，将系统电能转变为动能

　D. 发电运行状态，将系统动能转变为电能

161. 他励直流发电机的外特性是指在额定励磁电流下，负载电流变化时（　　　）的变化规律。

　A. 端电压　　　　　　　　　　　　B. 电源电压

　C. 定子绕组两端电压　　　　　　　D. 励磁绕组两端电压

162. 他励直流发电机的空载特性是指转速为额定值、发电机空载时，电枢电动势与（　　　）之间的关系。

　A. 端电压　　　　　　　　　　　　B. 电枢电压

　C. 励磁绕组两端电压　　　　　　　D. 励磁电流

163. 异步电动机的效率是指电动机在额定工作状态运行时，电动机（　　　）的比值。

　A. 定子输入功率与电源输入电功率

　B. 输出有功功率与电源输入电功率

　C. 输入视在功率与电源输入电功率

D. 轴上输出机械功率与电源输入电功率

164. 若异步电动机的铭牌上所标电压为 380 V/220 V，为 丫/△ 联结，则表示（　　）。

A. 电源电压为 380 V 时，三相定子绕组丫联结

B. 电源电压为 380 V 时，三相定子绕组△联结

C. 电源电压为 220 V 时，三相定子绕组丫联结

D. 电源电压为 220 V 时，三相定子绕组可丫联结，也可△联结

165. 短时工作方式的异步电动机的短时运行时间有 15 min、30 min、60 min 和（　　）min 四种。

A. 10　　　　　　B. 20　　　　　　C. 50　　　　　　D. 90

166. 负载持续率（或暂载率）是（　　）之比。

A. 负载运行时间与整个周期　　　　B. 负载运行时间与负载停止时间

C. 负载断开时间与负载运行时间　　D. 负载运行时间与负载断开时间

167. 一台异步电动机的 $f_N = 50$ Hz、$n_N = 730$ r/min，该电动机的极数、同步转速为（　　）。

A. 4、750 r/min　　　　　　　　B. 4、730 r/min

C. 6、750 r/min　　　　　　　　D. 8、750 r/min

168. 一台异步电动机的 $2p = 8$、$f_N = 50$ Hz、$s_N = 0.043$，该电动机的额定转速为（　　）r/min。

A. 750　　　　　B. 717.8　　　　C. 730　　　　　D. 710

169. 一台异步电动机的 $f_N = 50$ Hz、$n_N = 730$ r/min，该电动机额定运行时的转差率为（　　）。

A. 0.026 7%　　B. 2.67　　　　　C. 0.026 7　　　D. 0.027 3

170. 三相异步电动机转子的转速越低，电动机的转差率越大，（　　）。

A. 转子感应电动势越大、频率越低　　B. 转子感应电动势越小、频率越高

C. 转子感应电动势不变、频率越高　　D. 转子感应电动势越大、频率越高

171. 三相异步电动机的定子电压突然降低为原来电压 80% 的瞬间，转差率维持不变，其电磁转矩会（　　）。

A. 减少到原来电磁转矩的 80%

B. 减小到原来电磁转矩的 64%

C. 增加

D. 不变

172. 三相笼型异步电动机的最大电磁转矩与电源电压的大小（　　）。

　　A. 成正比关系　　B. 成反比关系　　　C. 无关　　　　　D. 成平方关系

173. 衡量异步电动机的启动性能，主要要求是（　　）。

　　A. 启动电流尽可能大、启动转矩尽可能小

　　B. 启动电流尽可能小、启动转矩尽可能大

　　C. 启动电流尽可能大、启动时间尽可能短

　　D. 启动电流尽可能小、启动转矩尽可能小

174. 三相异步电动机启动瞬间，电动机的转差率（　　）。

　　A. $s=0$　　　　　B. $s<1$　　　　　C. $s=1$　　　　　D. $s>1$

175. 三相笼型异步电动机减压启动方法有串电阻减压启动、丫-△减压启动、自耦变压器减压启动和（　　）。

　　A. △-丫减压启动　　　　　　　　B. △-△减压启动

　　C. 延边三角形减压启动　　　　　D. 延边星形减压启动

176. 三相笼型异步电动机减压启动方法有串电阻减压启动、丫-△减压启动、延边三角形减压启动和（　　）。

　　A. △-丫减压启动　　　　　　　　B. △-△减压启动

　　C. 延边星形减压启动　　　　　　D. 自耦变压器减压启动

177. 电动机采用丫-△减压启动时，定子绕组接成星形启动时线电流是接成三角形启动时线电流的（　　）。

　　A. 1/2　　　　　B. 1/3　　　　　C. 2/3　　　　　D. 3/2

178. 电动机采用丫-△减压启动时，启动转矩是全压启动时启动转矩的（　　）。

　　A. 1/4　　　　　B. 1/2　　　　　C. 1/3　　　　　D. 2/3

179. 电动机采用自耦变压器减压启动，当启动电压是额定电压的 80% 时，启动转矩是

额定电压下启动时启动转矩的（　　）倍。

    A. 0.34　　　　　　B. 0.51　　　　　　C. 0.64　　　　　　D. 0.8

180. 电动机采用自耦变压器减压启动，当自耦变压器降压系数为 $K=0.6$ 时，启动转矩是额定电压下启动时启动转矩的（　　）倍。

    A. 0.36　　　　　　B. 0.49　　　　　　C. 0.6　　　　　　D. 1.2

181. 绕线转子异步电动机转子绕组串联电阻启动时，可以（　　）。

    A. 减小启动电流、增大启动转矩　　　　B. 增大启动电流、增大启动转矩

    C. 减小启动电流、减小启动转矩　　　　D. 增大启动电流、减小启动转矩

182. 绕线转子异步电动机转子绕组串联电阻启动时，（　　）。

    A. 转子绕组串联电阻减小、启动转矩不变

    B. 转子绕组串联电阻增大、启动转矩减小

    C. 转子绕组串联电阻减小、启动转矩增大

    D. 转子绕组串联电阻增大、启动转矩增大

183. 异步电动机的变转差率调速方法有转子回路串电阻调速、调压调速和（　　）。

    A. 变相调速　　　B. 变流调速　　　C. 串级调速　　　D. 串电容调速

184. 异步电动机转子回路串电阻调速属于（　　）。

    A. 变转差率调速　　　　　　　　　　B. 变流调速

    C. 变极调速　　　　　　　　　　　　D. 变频调速

185. 采用 Y/YY 联结的双速电动机调速属于（　　）。

    A. 恒压调速　　　B. 恒功率调速　　　C. 恒转矩调速　　　D. 恒流调速

186. 双速电动机的变极调速方法有（　　）。

    A. 改变电源频率 f　　　　　　　　　B. 改变转差率 s

    C. 改变定子绕组电压　　　　　　　　D. 改变定子绕组联结方式 Y/YY

187. 能耗制动是在电动机切断三相电源的同时，把（　　），使电动机迅速停下来。

    A. 电动机定子绕组的两相电源线对调

    B. 交流电源通入定子绕组

    C. 直流电源通入转子绕组

D. 直流电源通入定子绕组

188. 反接制动是在电动机需要停车时，采取（　　），使电动机迅速停下来。

A. 对调电动机定子绕组的两相电源线

B. 对调电动机转子绕组的两相电源线

C. 直流电源通入转子绕组

D. 直流电源通入定子绕组

189. 电阻分相启动单相异步电动机有工作绕组和启动绕组，（　　）使工作绕组的电流和启动绕组的电流有近 90° 的相位差，从而使转子产生启动转矩而启动。

A. 电阻与工作绕组串联　　　　　　　B. 电阻与启动绕组串联

C. 电阻与工作绕组并联　　　　　　　D. 电阻与启动绕组并联

190. 使用兆欧表测定电动机绝缘电阻时，如果测出绝缘电阻值在（　　）MΩ 以上，一般可认为电动机绝缘尚好，可继续使用。

A. 0.2　　　　　B. 0.5　　　　　C. 2　　　　　D. 10

191. 测量 380 V 电动机定子绕组绝缘电阻应选用（　　）。

A. 万用表　　B. 250 V 兆欧表　　C. 500 V 兆欧表　　D. 2 500 V 兆欧表

192. 按运行方式和功率转换关系，同步电机可分为同步发电机、同步电动机和（　　）。

A. 同步励磁机　　B. 同步充电机　　　C. 同步补偿机　　　D. 同步吸收机

193. 调节同步电动机转子的直流励磁电流，便能调节（　　）。

A. 功率因数 $\cos\varphi$　　　　　　　　B. 启动电流

C. 启动转矩　　　　　　　　　　　D. 转速

194. 同步电动机一般采用异步启动，当电动机的转速达到同步转速的（　　）时，向转子励磁绕组中通入直流励磁电流，将同步电动机牵入同步运行状态。

A. 85%　　　　　B. 90%　　　　　C. 95%　　　　　D. 100%

195. 同步电动机的启动方法有异步启动法、辅助启动法、调频启动法等，使用最广泛的是（　　）。

A. 异步启动法　　B. 辅助启动法　　C. 调频启动法　　D. 同步启动法

196. 直流测速发电机可分为他励式和（　　）测速发电机。

    A. 串励式　　　　　B. 永磁式　　　　　C. 同步式　　　　　D. 自励式

197. 直流永磁式测速发电机（　　）。

    A. 不需另加励磁电源　　　　　　　　　B. 需加励磁电源

    C. 需加交流励磁电压　　　　　　　　　D. 需加直流励磁电压

198. 在自动控制系统中，把输入的电信号转换成电动机轴上的角位移或角速度的电磁装置称为（　　）。

    A. 伺服电动机　　B. 测速发电机　　C. 交磁放大机　　D. 步进电动机

199. 伺服电动机的作用是（　　）。

    A. 测量转速

    B. 功率放大

    C. 把脉冲信号转变成直线位移或角位移

    D. 把输入电信号转换成电动机轴上的角位移或角速度

200. 步进电动机按工作原理可分为永磁式、（　　）等。

    A. 同步式　　　　　B. 反应式　　　　　C. 异步式　　　　　D. 直接式

201. 步进电动机的作用是（　　）。

    A. 测量转速

    B. 功率放大

    C. 把脉冲信号转变成直线位移或角位移

    D. 把输入电信号转换成电动机轴上的角位移或角速度

202. 电磁调速异步电动机由交流异步电动机、（　　）、测速发电机、控制器等部分组成。

    A. 液压离合器　　　　　　　　　　　　B. 电磁转差离合器

    C. 制动离合器　　　　　　　　　　　　D. 电容离合器

203. 电磁调速异步电动机采用（　　）的方法进行转速调节。

    A. 改变异步电动机的定子电压　　B. 改变电磁转差离合器的励磁电流

    C. 改变异步电动机的转子串联电阻　　D. 改变电磁转差离合器的铁芯气隙

204. 交磁电机扩大机中去磁绕组的作用是（   ）。

    A. 减小主磁场   B. 增大主磁场

    C. 减小剩磁电压   D. 增大剩磁电压

205. 交磁电机扩大机为了抵消直轴电枢去磁反应，采用在定子上加嵌（   ）的措施。

    A. 补偿绕组   B. 串联绕组   C. 励磁绕组   D. 换向绕组

206. 低压电器按动作方式可分为（   ）两大类。

    A. 低压配电电器和低压控制电器   B. 低压配电电器和低压开关电器

    C. 自动切换电器和非自动切换电器   D. 手动切换电器和非自动切换电器

207. 低压电器按执行功能可分为（   ）两大类。

    A. 低压配电电器和低压开关电器   B. 有触点电器和无触点电器

    C. 自动切换电器和非自动切换电器   D. 手动切换电器和非自动切换电器

208. 金属栅片灭弧的原理是（   ）。

    A. 把电弧沿其轴线拉长   B. 让电弧在磁场的作用下拉长

    C. 借窄缝效应使电弧迅速冷却   D. 利用栅片把电弧分成串接的短电弧

209. 双触点灭弧的原理是（   ）。

    A. 机械拉长电弧   B. 使电弧受力迅速移动和拉长电弧

    C. 借窄缝效应使电弧迅速冷却   D. 利用栅片把电弧分成串接的短电弧

210. 容量较大的交流接触器采用（   ）。

    A. 金属栅片灭弧   B. 单触点灭弧

    C. 磁吹灭弧   D. 静触点灭弧

211. 交流接触器的灭弧装置有双断口结构、（   ）等装置。

    A. 静触点灭弧   B. 动触点灭弧   C. 磁吹灭弧   D. 金属栅片灭弧

212. 磁吹式灭弧装置的磁吹灭弧能力与电弧电流大小的关系是（   ）。

    A. 电弧电流越大，磁吹灭弧能力越小

    B. 无关

    C. 电弧电流越大，磁吹灭弧能力越强

    D. 没有固定规律

213. 磁吹式灭弧装置的灭弧原理是（　　　）。

    A. 机械拉长电弧

    B. 靠磁吹力作用使电弧拉长，并在空气和灭弧罩作用下迅速冷却

    C. 借窄缝效应使电弧迅速冷却

    D. 利用栅片把电弧分成串接的短电弧

214. 交流接触器吸引线圈的额定电压是根据被控电路的（　　　）来选择的。

    A. 主电路电压   B. 控制电路电压

    C. 辅助电路电压   D. 辅助、照明电路电压

215. 交流接触器的额定电压是根据被控电路的（　　　）来选择的。

    A. 主电路电压   B. 控制电路电压

    C. 辅助电路电压   D. 主电路或控制电路电压

216. 接触器检修时发现灭弧装置损坏，该接触器（　　　）使用。

    A. 仍能继续   B. 不能继续

    C. 在额定电流下可以   D. 短路故障下也可以

217. 当交流接触器的电磁线圈通电时，（　　　）。

    A. 常闭触点先断开，常开触点后闭合

    B. 常开触点先闭合，常闭触点后断开

    C. 常开、常闭触点同时动作

    D. 常闭触点可能先断开，常开触点可能先闭合

218. 欠电流继电器正常工作时，线圈通过的电流在正常范围内，（　　　）。

    A. 衔铁吸合，常闭触点闭合   B. 衔铁吸合，常开触点闭合

    C. 衔铁不吸合，常开触点断开   D. 衔铁不吸合，常闭触点闭合

219. 欠电流继电器是当线圈通过的电流降低到某一整定值时，（　　　）。

    A. 衔铁吸合，常闭触点闭合   B. 衔铁吸合，常开触点闭合

    C. 衔铁释放，常开触点断开   D. 衔铁释放，常闭触点断开

220. 旋紧电磁式电流继电器的反力弹簧时，（　　　）。

    A. 吸合电流与释放电流增大   B. 吸合电流与释放电流减小

C. 吸合电流减小，释放电流增大　　　D. 吸合电流增大，释放电流减小

221. 旋松电磁式电流继电器的反力弹簧时，（　　）。

A. 吸合电流与释放电流增大　　　　　B. 吸合电流与释放电流减小

C. 吸合电流减小，释放电流增大　　　D. 吸合电流增大，释放电流减小

222. 过电压继电器的工作机制是当电压超过规定电压时衔铁吸合，一般动作电压为（　　）额定电压。

A. 40%~70%　　B. 80%~100%　　C. 105%~120%　　D. 200%~250%

223. 欠电压继电器在额定电压状态下工作时，（　　）。

A. 衔铁吸合，常闭触点闭合　　　　　B. 衔铁吸合，常开触点闭合

C. 衔铁不吸合，常开触点断开　　　　D. 衔铁不吸合，常开触点闭合

224. 对（　　）的电动机来说，应采用带断相保护的热继电器进行断相保护。

A. 三角形联结　　　　　　　　　　　B. 星形联结

C. 星形联结或三角形联结　　　　　　D. 任一种联结

225. 正反转及频繁通断工作的电动机不宜采用（　　）来保护。

A. 过电流继电器　　　　　　　　　　B. 熔断器

C. 热继电器　　　　　　　　　　　　D. 热敏电阻

226. 当通过熔断器的电流达到额定值的两倍时，经（　　）后熔体熔断。

A. 1 h　　　　　B. 30~40 s　　　　C. 10~20 h　　　　D. 1~5 s

227. RT0 系列有填料封闭管式熔断器的熔体是（　　）的。

A. 条形　　　　　B. 片形　　　　　C. 网状　　　　　D. 管形

228. 在选择熔断器时，下列描述中不正确的是（　　）。

A. 熔断器的分断能力应大于电路可能出现的最大短路电流

B. 熔断器的额定电压大于或等于线路的额定电压

C. 熔断器的额定电流可以小于或等于所装熔体的额定电流

D. 熔断器的额定电流可以大于或等于所装熔体的额定电流

229. 在选择熔断器时，下列描述中正确的是（　　）。

A. 熔断器的分断能力应大于电路可能出现的最大短路电流

B. 熔断器的额定电压小于或等于线路的额定电压

C. 熔断器的额定电流可以小于或等于所装熔体的额定电流

D. 熔断器的分断能力等于电路中的额定电流

230. 低压断路器欠电压脱扣器的额定电压（　　）线路额定电压。

　　A. 大于　　　　　　B. 等于　　　　　　C. 小于　　　　　　D. 等于50%

231. 低压断路器中的热脱扣器承担（　　）保护作用。

　　A. 过电流　　　　B. 过载　　　　C. 短路　　　　D. 欠电压

232. 晶体管时间继电器按原理分为阻容式和（　　）两类。

　　A. 整流式　　　B. 感应式　　　C. 数字式　　　D. 整流感应式

233. 晶体管时间继电器按延时方式分为通电延时型、（　　）等。

　　A. 通断电延时型　　　　　　　　B. 断电延时型

　　C. 断电感应延时型　　　　　　　D. 通电感应延时型

234. 晶体管时间继电器通常在控制电路要求延时精度较高时或（　　）选用。

　　A. 电磁式、电动式、空气阻尼式时间继电器不能满足电路控制要求时

　　B. 控制回路相互协调需无触点输出时

　　C. 控制回路相互协调需有触点输出时

　　D. 控制回路需要通电延时输出时

235. 晶体管时间继电器消耗的功率（　　）电磁式时间继电器消耗的功率。

　　A. 小于　　　　　　B. 等于　　　　　　C. 大于　　　　　　D. 远大于

236. 一般速度继电器转轴转速低于（　　）r/min 时，触点复位。

　　A. 50　　　　　　B. 100　　　　　　C. 150　　　　　　D. 200

237. 速度继电器是用来反映（　　）的继电器。

　　A. 转速和转向变化　　　　　　　B. 转速大小

　　C. 转向变化　　　　　　　　　　D. 正反向转速大小

238. LXJ0 型晶体管接近开关电路的振荡电路采用（　　）振荡回路。

　　A. 电感三点式　　　　　　　　　B. 电容三点式

　　C. 电阻三点式　　　　　　　　　D. 电压三点式

239. 晶体管接近开关采用最多的是（　　）晶体管接近开关。

　　A. 感应型　　　　B. 整流型　　　　C. 电磁感应型　　　　D. 高频振荡型

240. 电动机控制的一般原则有行程控制原则、（　　）、速度控制原则和电流控制原则。

　　A. 时间控制原则　　　　　　　　　B. 电压控制原则

　　C. 电阻控制原则　　　　　　　　　D. 位置控制原则

241. Ⅴ–△减压启动自动控制线路是按（　　）控制原则来控制的。

　　A. 时间　　　　　B. 电压　　　　　C. 速度　　　　　D. 行程

242. 电动机的短路保护一般采用（　　）。

　　A. 热继电器　　　　　　　　　　　B. 过电流继电器

　　C. 熔断器　　　　　　　　　　　　D. 接触器

243. 交流接触器具有（　　）保护作用。

　　A. 短路　　　　　B. 过载　　　　　C. 过电流　　　　　D. 欠电压

244. 按钮、接触器双重联锁的正反转控制电路中，从正转到反转的操作过程是（　　）。

　　A. 按下反转按钮

　　B. 先按下停止按钮，再按下反转按钮

　　C. 先按下正转按钮，再按下反转按钮

　　D. 先按下反转按钮，再按下正转按钮

245. 按钮、接触器双重联锁的正反转控制电路中，双重联锁的作用是（　　）。

　　A. 防止电源的相间短路

　　B. 防止电源的相间短路，按下反转按钮就可从正转切换到反转

　　C. 按下反转按钮就可从正转切换到反转

　　D. 防止电源的相间短路，先按下停止按钮、再按下反转按钮就可从正转切换到反转

246. 为了能在两地控制同一台电动机，两地的启动按钮 SB1、SB2 应采用的接法为（　　）。

　　A. SB1、SB2 的常开触点并联在一起

　　B. SB1、SB2 的常开触点串联在一起

C. SB1、SB2 的常闭触点并联在一起

D. SB1、SB2 的常闭触点串联在一起

247. 为了能在多地控制同一台电动机，多地的启动按钮、停止按钮应采用的接法为（   ）。

    A. 启动按钮常闭触点并联，停止按钮常闭触点串联

    B. 启动按钮常开触点并联，停止按钮常闭触点串联

    C. 启动按钮常开触点并联，停止按钮常开触点串联

    D. 启动按钮常开触点串联，停止按钮常闭触点并联

248. Y−△减压启动自动控制线路的动作过程是按（   ）来控制的。

    A. 定子绕组接成星形启动、定子绕组接成三角形运行

    B. 定子绕组接成三角形启动、定子绕组接成星形运行

    C. 定子绕组串联电容减压启动、切除电容运行

    D. 延边星形减压启动、延边三角形运行

249. 三相笼型异步电动机减压启动可采用星形/三角形减压启动、自耦变压器减压启动、（   ）等。

    A. 定子绕组串电容减压启动   B. 延边星形减压启动

    C. 延边三角形减压启动   D. 转子绕组串电阻减压启动

250. 速度继电器安装时，应将其转子装在被控制电动机的（   ）。

    A. 同一根轴上   B. 非同一轴上   C. 同一电源上   D. 非同一电源上

251. 能耗制动时产生的制动力矩大小与通入定子绕组中的直流电流大小有关，一般情况可取能耗制动的直流电流为（   ）倍电动机的空载电流。

    A. 0.5~1   B. 1.5~2   C. 3.5~4   D. 5~6

252. 用时间继电器控制绕线式电动机的三级启动线路中，需用（   ）个时间继电器。

    A. 1   B. 2   C. 3   D. 4

253. 绕线转子异步电动机转子绕组串联电阻启动控制线路中，与启动按钮串联的接触器常闭触点的作用是（   ）。

    A. 保证转子绕组中接入全部电阻启动

B. 实现启动和停止联锁

C. 实现电动机停止控制

D. 实现电动机正常运行控制

254. 绕线转子异步电动机转子绕组串联频敏变阻器启动，当启动电流过小、启动太慢时，应（　　　）。

A. 换接抽头，使频敏变阻器匝数增加

B. 换接抽头，使频敏变阻器匝数减小

C. 减小频敏变阻器气隙

D. 增加频敏变阻器电阻值

255. 在频敏变阻器使用中，频敏变阻器调整方法为调整（　　　）。

A. 频敏变阻器电阻值　　　　　　　　B. 频敏变阻器匝数

C. 频敏变阻器气隙　　　　　　　　　D. 频敏变阻器匝数和气隙

256. 变频调速中交—直—交变频器一般由（　　　）组成。

A. 整流器、滤波器、逆变器　　　　　B. 放大器、滤波器、逆变器

C. 整流器、滤波器　　　　　　　　　D. 逆变器

257. 变频调速系统一般分为交—交变频和（　　　）两大类。

A. 交—直—交变频　　　　　　　　　B. 直—交—直变频

C. 直—直变频　　　　　　　　　　　D. 直—交变频

258. 变压变频调速系统中，调速时应改变定子电源的（　　　）。

A. 电压和频率　　B. 频率　　　　　C. 电压　　　　　D. 电压或频率

259. 异步电动机变频调速的基本原理是改变电动机定子电源的频率，从而改变异步电动机的（　　　）。

A. 转差率　　　　B. 转速　　　　　C. 同步转速　　　D. 最高转速

260. 变频器在安装接线时，下列说法不正确的是（　　　）。

A. 交流电源进线不能接到变频器输出端

B. 交流电源进线可以接到变频器输出端

C. 交流电源进线不能接到变频器外接控制电路端子

D. 交流电源进线可不按正确相序接线

261. 异步电动机变频调速系统调试时，如电动机旋转方向不正确，则应（　　），使电动机旋转方向正确。

    A. 调换三相交流电源进线 R、S、T 中 R 和 S 两相接线

    B. 调换变频器输出端 U、V、W 中任意两相接线

    C. 同时调换三相交流电源进线 R、S、T 和变频器输出端 U、V、W 中任意两相接线

    D. 调换三相交流电源进线 R、S、T 中 R 和 T 两相接线

262. 异步电动机软启动器通过（　　），从而控制异步电动机。

    A. 改变电动机定子电压　　　　　　　B. 改变电动机定子电压的频率

    C. 改变电动机定子绕组的接法　　　　D. 改变电动机的极对数

263. 异步电动机软启动器的基本组成包括（　　）。

    A. 晶闸管三相交流逆变器　　　　　　B. 晶闸管三相交流变频器

    C. 晶闸管三相交流调压器　　　　　　D. 晶闸管三相交流电子开关

264. 晶闸管-直流电动机调速系统采用（　　）的启动方法。

    A. 电枢回路串电阻启动　　　　　　　B. 全压启动

    C. 减小电枢电压启动　　　　　　　　D. 直接启动

265. 在他励直流电动机启动时（　　），否则将引起直流电动机故障。

    A. 应先加电枢电压，后加励磁电流

    B. 应先加励磁电流，后加电枢电压

    C. 应不加励磁电流，而加电枢电压

    D. 不必考虑加励磁电流、电枢电压先后

266. 为使他励直流电动机反转，可通过（　　）来实现。

    A. 改变电枢电压和励磁电压极性　　　B. 减少电枢电压

    C. 增大电枢电压　　　　　　　　　　D. 改变电枢电压极性

267. 直流电动机处于正转电动运行状态时，其电磁转矩与（　　）。

    A. 转速方向相反，电动机吸收机械能转变成电能

    B. 转速方向相同，电动机吸收机械能转变成电能

C. 转速方向相反，电动机将电能转变成机械能

D. 转速方向相同，电动机将电能转变成机械能

268. 直流电动机的电气制动方式有反接制动和（　　）制动。

  A. 补偿器   B. 延边三角形   C. 能耗   D. 抱闸

269. 能耗制动过程中，直流电动机处于（　　），将能量消耗在能耗制动电阻及电枢电阻上。

  A. 电动状态，将机械能转变成电能 B. 电动状态，将电能转变成机械能

  C. 发电状态，将机械能转变成电能 D. 发电状态，将电能转变成机械能

270. 串励电动机带负载运行时，可采用直接传动或（　　）传动。

  A. 传动带   B. 齿轮   C. 链条   D. 麻绳

271. 要求有大启动转矩、负载变化时转速允许变化的设备（如电气机车等），宜采用（　　）。

  A. 串并励直流电动机   B. 并励直流电动机

  C. 并复励直流电动机   D. 串励直流电动机

272. 直流发电机–直流电动机自动调速系统采用变电枢电压调速时，最高转速（　　）额定转速。

  A. 大于或等于 B. 大于   C. 小于或等于 D. 小于

273. 直流发电机–直流电动机自动调速系统采用（　　）的启动方法。

  A. 电枢回路串电阻启动   B. 全压启动

  C. 减小电枢电压启动   D. 直接启动

274. C6150 车床进给运动是（　　）带动刀架的纵向或横向运动。

  A. 主轴   B. 溜板   C. 卡盘   D. 电磁离合器

275. C6150 车床走刀箱操作手柄共有（　　）个挡位。

  A. 3   B. 4   C. 5   D. 6

276. C6150 车床冷却液泵电动机的电气控制电路采用（　　）进行电动机过载保护。

  A. 熔断器   B. 过电流继电器

  C. 热继电器   D. 接触器

277. C6150 车床电气控制电路电源电压为交流（　　）V。

    A. 24　　　　　　B. 36　　　　　　C. 110　　　　　　D. 220

278. Z3040 摇臂钻床主运动与进给运动由（　　）台电动机驱动。

    A. 1　　　　　　B. 2　　　　　　C. 3　　　　　　D. 4

279. Z3040 摇臂钻床操作手柄共有（　　）个空间位置。

    A. 6　　　　　　B. 4　　　　　　C. 3　　　　　　D. 5

280. Z3040 摇臂钻床照明电路电源电压为交流（　　）V。

    A. 24　　　　　　B. 220　　　　　　C. 110　　　　　　D. 36

281. Z3040 摇臂钻床液压泵电动机的电气控制电路采用（　　）进行电动机过载保护。

    A. 熔断器　　　　　　　　　　　B. 过电流继电器

    C. 热继电器　　　　　　　　　　D. 接触器

282. M7130 平面磨床（　　）启动后才能开动冷却泵电动机。

    A. 电磁吸盘　　　　　　　　　　B. 照明电路

    C. 液压泵电动机　　　　　　　　D. 砂轮电动机

283. M7130 平面磨床采用多台电动机驱动，通常设有液压泵电动机、冷却泵电动机、（　　）电动机等。

    A. 夹紧　　　　　　B. 砂轮　　　　　　C. 通风　　　　　　D. 摇臂升降

284. M7130 平面磨床的液压泵电动机的电气控制电路采用（　　）进行电动机过载保护。

    A. 熔断器　　　　　　　　　　　B. 过电流继电器

    C. 热继电器　　　　　　　　　　D. 接触器

285. M7130 平面磨床电磁吸盘控制电路具有过电压保护和（　　）功能。

    A. 过电流保护　　　B. 欠电流保护　　　C. 过载保护　　　D. 断相保护

286. 按传感器的物理量分类，可分为（　　）等传感器。

    A. 温度、速度　　　B. 电阻、电容　　　C. 电容、电感　　　D. 电压

287. 按传感器输出信号的性质，（　　）为开关型传感器。

    A. 接近开关　　　　B. 旋转编码器　　　C. A/D 转换器　　　D. 电阻、电容

288. 压力传感器是一种检测装置，用电压或电流信息表示检测感受到的（　　　）。

A. 脉冲多少　　　B. 温度高低　　　C. 压力大小　　　D. 位置高低

289. 旋转编码器是一种检测装置，能将检测感受到的信息变换成为（　　　）的信息输出。

A. 电压　　　　　B. 电流　　　　　C. 功率脉冲　　　D. 脉冲

290. 当磁体靠近干簧管时，（　　　），电路导通，干簧管起到了开关的作用。

A. 两个由软磁性材料制成的簧片因磁化而相互吸引

B. 两个由软磁性材料制成的簧片因磁化而相互排斥

C. 两个由软磁性材料制成的簧片因磁化而互不相关

D. 两个由软磁性材料制成的簧片近距离接触

291. 当（　　　）靠近干簧管时，两个由软磁材料制成的簧片因磁化而相互吸引，电路导通，干簧管起到了开关的作用。

A. 金属物质　　　B. 玻璃材料　　　C. 磁性材料　　　D. 塑料

292. 按接近开关的工作原理，接近开关包括（　　　）式传感器。

A. 电流　　　　　B. 电压　　　　　C. 电感　　　　　D. 光栅

293. 感应式接近开关的输出为（　　　）。

A. 带触点开关量　　　　　　　B. 带1和0的开关量

C. 脉冲量　　　　　　　　　　D. 数字量

294. 光敏电阻在强光照射下电阻值（　　　）。

A. 很大　　　　　B. 很小　　　　　C. 无穷大　　　　D. 为零

295. 对射式光电开关的最大检测距离是（　　　）。

A. 0.5 m　　　　　　　　　　B. 1 m

C. 几米至几十米　　　　　　　D. 无限制的

296. 光电反射式开关一般采用（　　　）作为它的光源。

A. 白炽灯　　　　B. 红外线　　　C. 节能灯　　　　D. 荧光灯

297. （　　　）光电开关就产生了检测开关信号。

A. 当被检测物体经过且发射器停止振荡时

B. 当被检测物体经过且发射器开始振荡时

C. 当被检测物体经过且完全通过光线时

D. 当被检测物体经过且完全阻断光线时

298. 旋转式编码器输出脉冲多表示（　　）。

    A. 输出电压高　　B. 分辨率低　　　　C. 输出电流大　　　D. 分辨率高

299. 旋转式编码器分辨率低表示（　　）。

    A. 输出电压高　　B. 输出脉冲少　　　C. 输出电流大　　　D. 分辨率高

300. 可编程序控制器不是普通的计算机，它是一种（　　）。

    A. 单片机　　　　　　　　　　　　B. 微处理器

    C. 工业现场用计算机　　　　　　　D. 微型计算机

301. 可编程序控制器不仅可以单机控制，还可以和（　　）连接。

    A. 单片机　　　　B. 微处理器　　　　C. 工业网络　　　　D. 变流技术

302. 近年来，PLC 技术正向着（　　）、仪表控制、计算机控制一体化方向发展。

    A. 机械控制　　　　　　　　　　　B. 多功能网络化

    C. 液压控制　　　　　　　　　　　D. 人工控制

303. （　　）不是可编程序控制器的主要特点。

    A. 灵活性强　　　B. 通用性好　　　　C. 机型统一　　　　D. 体积小、质量轻

304. 可编程序控制器的主要特点不包括（　　）。

    A. 没有在线修改功能　　　　　　　B. 体积小

    C. 质量轻　　　　　　　　　　　　C. 抗干扰能力强

305. 可编程序控制器的输入端可与（　　）直接连接。

    A. 扩展口　　　　B. 编程口　　　　　C. 接近开关　　　　D. 电源

306. 可编程序控制器的控制速度取决于（　　）。

    A. I/O　　　　　B. 输入继电器 X　　C. 型号规格　　　　D. 输出继电器 Y

307. （　　）决定了可编程序控制器的控制速度。

    A. I/O　　　　　　　　　　　　　B. 控制系统大小

    C. 输入继电器 X　　　　　　　　　D. 输出继电器 Y

308. 可编程序控制器是采用（　　）来达到控制功能的。

　　A. 改变硬件接线　　　　　　　　B. 改变硬件元器件

　　C. 控制程序　　　　　　　　　　D. 改变机型

309. 可编程序控制器的控制功能是通过（　　）实现的。

　　A. 改变硬件接线　　　　　　　　B. 程序指令

　　C. 改变硬件元器件　　　　　　　D. 改变机型

310. 梯形图中的（　　）表示输出继电器。

　　A. X000　　　　B. Y000　　　　C. T000　　　　D. D0

311. 梯形图中的（　　）表示时间继电器。

　　A. X000　　　　B. Y000　　　　C. T000　　　　D. D0

312. 可编程序控制器控制系统主要通过（　　）输入指令和数据。

　　A. 用户输入设备　　　　　　　　B. I/O 接口

　　C. 扩展口　　　　　　　　　　　D. 电源

313. 可编程序控制器控制系统的输入主要是指（　　）。

　　A. 电源　　　　B. I/O 接口　　　C. 扩展口　　　D. 接收各种参数

314. （　　）不是可编程序控制器中软继电器的特点。

　　A. 无触点　　　B. 功耗低　　　C. 能驱动灯　　　D. 寿命长

315. 可编程序控制器中软继电器的特点不包括（　　）。

　　A. 功耗低　　　　　　　　　　　B. 不能重复使用

　　C. 速度快　　　　　　　　　　　D. 寿命长

316. 发光二极管工作电流为（　　）mA。

　　A. 0.5~1　　　B. 5~10　　　C. 15~20　　　D. 25~30

317. 发光二极管一般接成（　　）方式。

　　A. 共阳极　　　B. 共阴极　　　C. 推挽　　　　D. 任意

318. 可编程序控制器一般由 CPU、（　　）、输入/输出接口、电源和编程器五部分组成。

　　A. 存储器　　　B. 连接部件　　　C. 控制信号　　　D. 导线

319. 可编程序控制器一般由 CPU、存储器、（　　　）、电源和编程器五部分组成。

    A. 导线　　　　　　B. 连接部件　　　　　C. 控制信号　　　　　D. 输入/输出接口

320. 根据程序的作用不同，PLC 的存储器分为（　　　）存储器两种。

    A. 监控程序和系统程序　　　　　　　　B. 调试程序和监控程序

    C. 系统程序和用户程序　　　　　　　　D. 系统程序和测试程序

321. PLC 的存储器按存储程序的作用可分为（　　　）存储器两种。

    A. 监控程序和用户程序　　　　　　　　B. 系统程序和监控程序

    C. 用户程序和诊断程序　　　　　　　　D. 系统程序和用户程序

322. 可编程序控制器如无（　　　）的支持，就不能完成控制任务的。

    A. 软件　　　　　　B. 硬件和软件　　　　C. 元件　　　　　　D. 连接线

323. 可编程序控制器如无（　　　），就无法编写用户程序。

    A. 硬件　　　　　　B. 编程软件　　　　　C. 元件　　　　　　D. 硬件和软件

324. FX 系列 PLC 内部输出继电器 Y 编号采用（　　　）进制。

    A. 二　　　　　　　B. 八　　　　　　　C. 十　　　　　　　D. 十六

325. FX 系列 PLC 内部继电器 M 编号采用（　　　）进制。

    A. 二　　　　　　　B. 八　　　　　　　C. 十　　　　　　　D. 十六

326. PLC 的每一个扫描周期内的工作过程可分为三个阶段，即输入采样阶段、（　　　）和输出刷新阶段。

    A. 与编程器通信阶段　　　　　　　　　B. 自诊断阶段

    C. 程序执行阶段　　　　　　　　　　　D. 读入现场信号阶段

327. PLC 在每一个扫描周期内，不属于它经历的工作阶段为（　　　）。

    A. 系统存储阶段　　　　　　　　　　　B. 输入采样阶段

    C. 程序执行阶段　　　　　　　　　　　D. 输出刷新阶段

328. PLC 的扫描周期与程序的步数、（　　　）和所用指令的执行时间有关。

    A. 辅助继电器　　　　　　　　　　　　B. 计数器

    C. 定时器　　　　　　　　　　　　　　D. 时钟频率

329. PLC 在循环扫描工作中，每一个扫描周期内不属于它经历的工作阶段是（　　　）。

A. 输入采样阶段　　　　　　　　　B. 程序监控阶段

C. 程序执行阶段　　　　　　　　　D. 输出刷新阶段

330. 可编程序控制器的主要技术性能有输入/输出点数、（　　　）等。

A. 机器型号　　　　　　　　　　　B. 应用程序的存储容量

C. 接线方式　　　　　　　　　　　D. 价格

331. （　　　）是可编程序控制器的主要技术性能指标之一。

A. 机器型号　　　B. 接线方式　　　C. 价格　　　　D. 扫描速度

332. FX$_2$ 系列可编程序控制器的输入信号采用（　　　）信号。

A. 电阻电容　　　B. 光电耦合器　　C. 晶体管　　　D. 晶闸管

333. FX$_2$ 系列可编程序控制器的输入信号不能采用（　　　）信号。

A. 开关量　　　　B. 模拟量　　　　C. 接近开关　　D. 晶闸管

334. PLC 的三极管输出可以控制（　　　）。

A. 交流负载　　　B. 交直流负载　　C. 大功率负载　　D. 小功率直流负载

335. PLC 输出类型有继电器、（　　　）、双向晶闸管三种输出形式。

A. 二极管　　　　B. 单结晶体管　　C. 三极管　　　D. 发光二极管

336. 在使用简易编程器进行 PLC 编程、调试、监控时，必须将梯形图转化成（　　　）。

A. C 语言　　　　B. 指令语句表　　C. 功能图　　　D. 高级编程语言

337. （　　　）不是可编程序控制器编程语言。

A. 梯形图编程语言　　　　　　　　B. 继电器控制电路图编程语言

C. 指令语句表编程语言　　　　　　D. 功能图图形编程语言

338. 当电源掉电时，锁存型计数器 C（　　　）。

A. 复位　　　　　　　　　　　　　B. 重新计数

C. 当前值保持不变　　　　　　　　D. 开始计数

339. （　　　）不是 FX$_{2N}$ 系列 PLC 的指令组成部分。

A. 步序号　　　　B. 编程号　　　　C. 指令符　　　D. 数据

340. 在 PLC 梯形图中，（　　　）情况下允许双线圈输出。

A. 基本指令　　　B. 步进指令　　　C. 梯形图　　　D. 延时电路

341. 在 PLC 梯形图中，（　　）情况下允许双线圈输出。

    A. 基本指令　　　　B. 延时电路　　　　C. 梯形图　　　　　D. 跳转指令

342. 在 PLC 梯形图中，两个或两个以上的线圈并联输出，可以使用（　　）指令。

    A. OUT　　　　　　B. LD　　　　　　　C. OR　　　　　　　D. AND

343. 在 PLC 梯形图中，两个或两个以上的线圈并联输出，可以使用 OUT 指令，也可以使用（　　）指令。

    A. LDI　　　　　　B. SET　　　　　　C. ORB　　　　　　D. ANB

344. 并联接点较多的电路应放在梯形图的（　　），可以节省指令表语言的条数。

    A. 下方　　　　　　B. 右方　　　　　　C. 上方　　　　　　D. 左方

345. 在并联线圈电路中，从分支到线圈之间，无触点的线圈应放在（　　）。

    A. 下方　　　　　　B. 右方　　　　　　C. 上方　　　　　　D. 左方

346. PLC 中专门用来接收外部用户输入的设备，称为（　　）继电器。

    A. 辅助　　　　　　B. 状态　　　　　　C. 输入　　　　　　D. 时间

347. PLC 中只能由外部信号驱动，而不能用程序指令驱动的继电器是（　　）继电器。

    A. 辅助　　　　　　B. 状态　　　　　　C. 输出　　　　　　D. 输入

348. 只能用程序指令驱动，用于控制外部负载的继电器是（　　）继电器。

    A. 输入　　　　　　B. 输出　　　　　　C. 辅助　　　　　　D. 状态

349. PLC 中用来控制外部负载，但只能用程序指令驱动的继电器是（　　）继电器。

    A. 辅助　　　　　　B. 状态　　　　　　C. 输入　　　　　　D. 输出

350. FX_{2N} 系列 PLC 中辅助继电器（　　）。

    A. 线圈可直接和电源相连接　　　　　B. 只起中间继电器的作用

    C. 触点能直接由外部信号所驱动　　　D. 触点能直接驱动外部负载

351. 只能用程序指令驱动，不能控制外部负载的继电器是（　　）继电器。

    A. 辅助　　　　　　B. 指针　　　　　　C. 输入　　　　　　D. 输出

352. 只有执行（　　）指令，计数器的当前值才复位为零。

    A. SET　　　　　　B. OUT　　　　　　C. RST　　　　　　D. END

353. FX_{2N} 系列 PLC 中，计数器分为内部计数器和外部计数器，内部计数器的信号频率

（　　）扫描频率。

  A. 高于   B. 低于   C. 等于   D. 无关于

354. 梯形图只是（　　）的一种编程语言。

  A. PLC   B. CPU   C. 单片机   D. 单板机

355. （　　）不是可编程序控制器梯形图的组成部分。

  A. 左母线   B. 右母线   C. 编程触点   D. 单板机

356. 在 PLC 梯形图中，连接于主副母线之间的由触点和线圈构成的一条通路称为（　　）。

  A. 梯级   B. 连接线   C. 节点   D. 共同点

357. 在梯形图中，（　　）是时间继电器。

  A. X000   B. T000   C. Y000   D. D000

358. 在编程时，PLC 的内部触点（　　）。

  A. 可作常开使用，但只能使用一次

  B. 可作常闭使用，但只能使用一次

  C. 可作常开和常闭反复使用，无限制

  D. 只能使用一次

359. 在梯形图中，同一编号的（　　）在一个程序段中能重复使用。

  A. 输入继电器 B. 定时器   C. 输出线圈   D. 内部继电器

360. 在梯形图编程中，（　　）是并联块指令。

  A. ANB   B. MPP   C. ORB   D. MCR

361. 在梯形图编程中，ORB 是并联块指令，其中分支开始用（　　）指令。

  A. AND 或 ANI   B. LD 或 LDI

  C. OR 或 ORI   D. MC 或 MCR

362. 在梯形图编程中，（　　）是串联块指令。

  A. ANB   B. MPP   C. ORB   D. MCR

363. 在梯形图编程中，2 个或 2 个以上的触点块之间串联的电路称为（　　）。

  A. 串联电路 B. 并联电路   C. 串联电路块   D. 并联电路块

364. 完成 PLC 与编程设备的连接和操作，需要（　　）。

    A. 编程器   B. 编程器、通信电缆和软件

    C. 通信电缆和软件   D. 个人计算机和软件

365. 简易编程器的基本结构一般不包括（　　）。

    A. 液晶显示器   B. 输入、输出端口

    C. 单功能键   D. 电源

366. 在 PLC 中，可以通过编程器修改或增删的是（　　）。

    A. 系统程序   B. 用户程序   C. 工作程序   D. 任何程序

367. 通常，PLC 的简易编程器的显示格式是（　　）。

    A. 助记符、程序地址、I/O 状态   B. I/O 状态、程序地址

    C. 程序地址、助记符   D. I/O 状态、助记符、程序地址

368. FX_2 系列 PLC 的输入端有 RUN 端，当 RUN 端和 COM 端断开时，PLC 处于（　　）状态。

    A. 运行   B. 停止   C. 监控   D. 程序修改或输入

369. PLC 运行中发现程序有问题，停止运行并修改程序后，必须（　　）方可运行。

    A. 恢复初始状态   B. 重新接线

    C. 重新写入   D. 监控

370. 每个公司的编程器、编程软件是（　　）的。

    A. 专用   B. 相互通用   C. 部分通用   D. 部分专用

371. 在机房内通过编程软件编程后，必须用（　　）输入到 PLC。

    A. 梯形图   B. 指令表

    C. 梯形图或指令表   D. 梯形图和指令表

372. 选择相应规模的可编程序控制器应留有（　　）的 I/O 余量。

    A. 1%~5%   B. 10%~15%   C. 30%~45%   D. 50%~70%

373. PLC 机型选择的基本原则是在满足（　　）要求的前提下，保证系统可靠、安全、经济和使用维护方便。

    A. 硬件设计   B. 软件设计   C. 控制功能   D. 输出设备

374. PLC 的输出驱动交流感性负载，为保护触点应在线圈两端（　　）。

　　A. 并联 RC　　　　　　　　　　B. 串联 RC

　　C. 并联续流二极管　　　　　　　D. 串联续流二极管

375. PLC 的输出驱动直流感性负载，为保护触点应在线圈两端（　　）。

　　A. 并联 RC　　　　　　　　　　B. 串联 RC

　　C. 并联续流二极管　　　　　　　D. 串联续流二极管

376. 可编程序控制器的接地点（　　）。

　　A. 可以和其他动力设备接地点共接　B. 可以和其他动力设备接地点串联

　　C. 必须与动力设备的接地点分开　　D. 不需要接地

377. 可编程序控制器接地的距离在（　　）m 内为宜。

　　A. 5　　　　　　　B. 10　　　　　　　C. 20　　　　　　　D. 50

378. PLC 的硬件接线不包括（　　）。

　　A. 控制柜与现场设备之间的接线

　　B. 控制柜与编程器之间的接线

　　C. 控制柜内部 PLC 与周围电气元件之间的接线

　　D. PLC 与 PLC 之间的接线

379. PLC 控制线（　　）高压线和动力线。

　　A. 应尽量远离　　B. 可以接近　　　C. 可以并行　　　D. 无须考虑

380. PLC 的安装质量与 PLC 的工作可靠性、（　　）有关。

　　A. 安全性　　　　B. 操作系统　　　C. 使用寿命　　　D. 美观

381. PLC 安装过程中（　　），将影响它安全可靠运行。

　　A. 安装牢固　　　　　　　　　　B. 有接地接零保护

　　C. 导线破损　　　　　　　　　　D. 有短路过载保护

382. 用户程序存入 EEPROM（电可擦可编程只读存储器）后，运行掉电时，（　　）使程序丢失。

　　A. 有后备电池时不会　　　　　　B. 会

　　C. 不会　　　　　　　　　　　　D. 不一定会

383. PLC 的日常维护工作不包括（　　）。

    A. 清洁与巡查　　　　　　　　　　B. 定期检查与维修

    C. 程序的重新输入　　　　　　　　D. 锂电池的更换

384. FX_{2N} 系列可编程序控制器面板上的"BATT. V"指示灯点亮，是因为（　　）。

    A. 工作电源电压正常　　　　　　　B. 后备电池电压低

    C. 工作电源电压低　　　　　　　　D. 工作电源电压偏高

385. FX_{2N} 系列可编程序控制器面板上的"PROG. E"指示灯闪烁是（　　）。

    A. 设备正常运行状态电源指示　　　B. 忘记设置定时器或计数器常数指示

    C. 梯形图电路有双线圈指示　　　　D. 在通电状态进行存储卡盒的装卸指示

386. PLC 的日常维护工作内容除了进行清洁与巡查、定期检查与维修之外，还有（　　）。

    A. 参数的刷新　　　　　　　　　　B. 锂电池的更换

    C. 程序的重新输入　　　　　　　　D. 写入器的操作

387. PLC 的表面应该用（　　）擦拭以保证其清洁和卫生。

    A. 干抹布和皮老虎　　　　　　　　B. 干抹布和清洗液

    C. 干抹布和机油　　　　　　　　　D. 干抹布和清水

第4部分

操作技能复习题

电气控制线路装调

一、安装和调试液压控制机床滑台运动电气控制线路（试题代码①：1.1.1；考核时间：60 min）

1. 试题单

（1）操作条件

1）电气控制电路鉴定板。

2）三相交流异步电动机。

3）连接导线、电工常用工具、万用表。

（2）操作内容。液压控制机床滑台运动电气控制线路如下图所示。

1）按液压控制机床滑台运动电气控制线路在电气控制电路鉴定板上接线。

2）完成接线后进行通电调试与运行，达到控制要求。

3）电气控制线路及故障现象分析（抽选1个）。

①如果限位开关SQ1-1常开触点接线断开，这种接法对电路有什么影响？

②如果电路只能启动滑台快进，不能工作，试分析产生该故障的接线方面的可能原因。

---

① 试题代码表示该试题在操作技能考核方案表格中的所属位置。左起第一位表示项目号，第二位表示单元号，第三位表示在该项目、单元下的第几个试题。

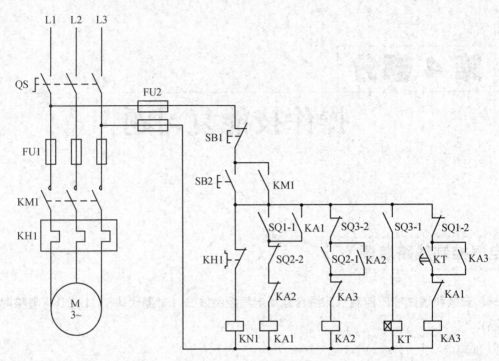

③液压泵电动机若不能工作，滑台是否能继续运行，为什么？

④时间继电器 KT 线圈断路损坏后，对电路的运行有什么影响？

（3）操作要求

1）根据给定的设备、仪器和仪表，完成接线、调试与运行，达到规定的要求。

2）板面导线必须经线槽敷设，线槽外导线必须平直，各节点必须紧密，接电源、电动机、按钮等的导线必须通过接线柱引出。

3）装接完毕，经考评员允许方可通电调试与运行，如遇故障自行排除。

4）安全生产，文明操作。未经允许擅自通电，造成设备损坏者，该项目零分。

2. 答题卷

电气控制线路及故障现象分析（抽选 1 个）。

（1）如果限位开关 SQ1-1 常开触点接线断开，这种接法对电路有什么影响？

（2）如果电路只能启动滑台快进，不能工进，试分析产生该故障的接线方面的可能原因。

（3）液压泵电动机若不能工作，滑台是否能继续运行，为什么？

（4）时间继电器 KT 线圈断路损坏后，对电路的运行有什么影响？

3. 评分表

试题代码及名称			1.1.1　安装和调试液压控制机床滑台运动电气控制线路	考核时间		60 min			
评价要素	配分（分）	等级	评分细则	评定等级					得分（分）
				A	B	C	D	E	
否决项			未经允许擅自通电，造成设备损坏者，该项目零分						
1	根据电路图接线与安装	9	A	接线完全正确，接线安装规范					
			B	接线安装错 1 次					
			C	接线安装错 2 次					
			D	接线安装错 3 次及以上，或接线没有按规范入线槽					
			E	未答题					
2	通电调试与运行	9	A	通电调试结果完全正确					
			B	通电调试失败 1 次，结果正确					
			C	通电调试失败 2 次，结果正确					
			D	通电调试失败					
			E	未答题					

续表

试题代码及名称			1.1.1 安装和调试液压控制机床滑台运动电气控制线路		考核时间				60 min	
评价要素	配分（分）	等级	评分细则	评定等级					得分（分）
				A	B	C	D	E	
3 电气控制线路及故障现象分析	5	A	回答完整，内容正确						
		B	回答不够完整						
		C	—						
		D	回答不正确						
		E	未答题						
4 安全文明生产，无事故发生	2	A	安全文明生产，符合操作规程						
		B	安全文明生产，符合操作规程，但未穿电工鞋						
		C	—						
		D	未经允许擅自通电，但未造成设备损坏或在操作过程中烧断熔断器						
		E	未答题						
合计配分	25		合计得分						

等级	A（优）	B（良）	C（及格）	D（较差）	E（差或未答题）
比值	1.0	0.8	0.6	0.2	0

"评价要素"得分=配分×等级比值。

二、安装和调试三相异步电动机双重联锁、正反转启动、能耗制动电气控制线路（试题代码：1.1.3；考核时间：60 min）

1. 试题单

（1）操作条件

1）电气控制电路鉴定板。

2）三相异步电动机。

3）连接导线、电工常用工具、万用表。

（2）操作内容。三相异步电动机双重联锁、正反转启动、能耗制动电气控制线路如下图所示。

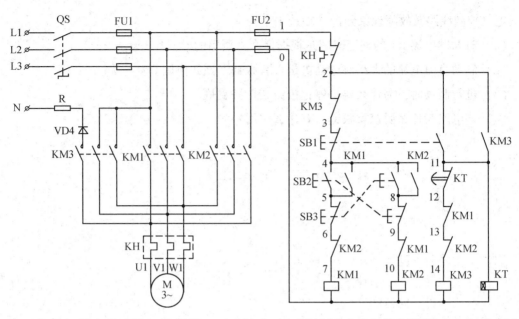

1）按三相异步电动机双重联锁、正反转启动、能耗制动电气控制线路在电气控制电路鉴定板上接线。

2）完成接线后进行通电调试与运行，达到控制要求。

3）电气控制线路及故障现象分析（抽选 1 个）。

①时间继电器 KT 的整定时间是根据什么来调整的？

②制动直流电流的大小对电动机是否有影响？该如何调节？

③进行制动时，为什么要将停止按钮 SB1 按到底？

④该电路为什么要双重联锁，有什么作用？

（3）操作要求

1）根据给定的设备、仪器和仪表，完成接线、调试与运行。

2）板面导线必须经线槽敷设，线槽外导线必须平直，各节点必须紧密，接电源、电动机、按钮等的导线必须通过接线柱引出。

3）装接完毕，经考评员允许方可通电调试与运行，如遇故障自行排除。

4）安全生产，文明操作。未经允许擅自通电，造成设备损坏者，该项目零分。

2. 答题卷

电气控制线路及故障现象分析（抽选 1 个）。

（1）时间继电器 KT 的整定时间是根据什么来调整的？

（2）制动直流电流的大小对电动机是否有影响？该如何调节？

（3）进行制动时，为什么要将停止按钮 SB1 按到底？

（4）该电路为什么要双重联锁，有什么作用？

3. 评分表

同上题。

三、安装和调试通电延时、带直流能耗制动的丫-△启动电气控制线路（试题代码：1.1.4；考核时间：60 min）

1. 试题单

（1）操作条件

1）电气控制电路鉴定板。

2）三相交流异步电动机。

3）连接导线、电工常用工具、万用表。

（2）操作内容。通电延时、带直流能耗制动的丫-△启动电气控制线路如下图所示。

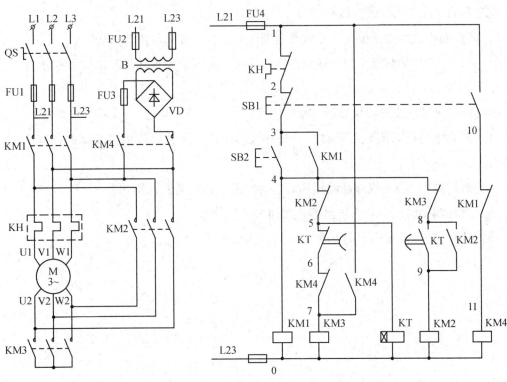

1）按通电延时、带直流能耗制动的丫-△启动电气控制线路在电气控制电路鉴定板上接线。

2）完成接线后进行通电调试与运行，达到控制要求。

3）电气控制线路及故障现象分析（抽选 1 个）。

①如果电动机只能星形启动，不能三角形运转，试分析产生该故障的接线方面的可能原因。

②时间继电器 KT 线圈断路损坏后，对电路的运行有什么影响？

③进行制动时，为什么要将停止按钮 SB1 按到底？

④什么是丫-△减压启动？对电动机有什么要求？

（3）操作要求

1）根据给定的设备、仪器和仪表，完成接线、调试与运行。

2）板面导线必须经线槽敷设，线槽外导线必须平直，各节点必须紧密，接电源、电动机、按钮等的导线必须通过接线柱引出。

3）装接完毕，经考评员允许方可通电调试与运行，如遇故障自行排除。

4）安全生产，文明操作。未经允许擅自通电，造成设备损坏者，该项目零分。

2. 答题卷

电气控制线路及故障现象分析（抽选1个）。

（1）如果电动机只能星形启动，不能三角形运转，试分析产生该故障的接线方面的可能原因。

（2）时间继电器 KT 线圈断路损坏后，对电路的运行有什么影响？

（3）进行制动时，为什么要将停止按钮 SB1 按到底？

（4）什么是丫-△减压启动？对电动机有什么要求？

3. 评分表

同上题。

四、安装和调试断电延时、带直流能耗制动的丫-△启动电气控制线路（试题代码：1.1.5；考核时间：60 min）

1. 试题单

（1）操作条件

1）电气控制电路鉴定板。

2）三相交流异步电动机。

3）连接导线、电工常用工具、万用表。

（2）操作内容。断电延时、带直流能耗制动的丫－△启动电气控制线路如下图所示。

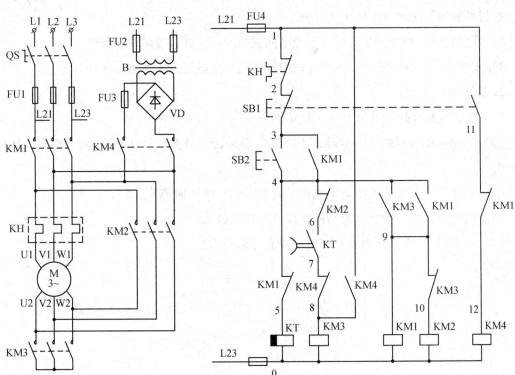

1）按断电延时、带直流能耗制动的丫－△启动电气控制线路在电气控制电路鉴定板上接线。

2）完成接线后进行通电调试与运行，达到控制要求。

3）电气控制线路及故障现象分析（抽选 1 个）。

①如果电动机只能星形启动，不能三角形运转，试分析产生该故障的接线方面的可能原因。

②制动直流电流的大小对电动机是否有影响？该如何调节？

③进行制动时，为什么要将停止按钮 SB1 按到底？

④什么是丫－△减压启动？对电动机有什么要求？

（3）操作要求

1）根据给定的设备、仪器和仪表，完成接线、调试与运行，达到规定的要求。

2）板面导线必须经线槽敷设，线槽外导线必须平直，各节点必须紧密，接电源、电动机、按钮等的导线必须通过接线柱引出。

3）装接完毕，经考评员允许方可通电调试与运行，如遇故障自行排除。

4）安全生产，文明操作。未经允许擅自通电，造成设备损坏者，该项目零分。

2. 答题卷

电气控制线路及故障现象分析（抽选 1 个）。

（1）如果电动机只能星形启动，不能三角形运转，试分析产生该故障的接线方面的可能原因。

（2）制动直流电流的大小对电动机是否有影响？该如何调节？

（3）进行制动时，为什么要将停止按钮 SB1 按到底？

（4）什么是丫-△减压启动？对电动机有什么要求？

3. 评分表

同上题。

五、安装和调试三相异步电动机减压启动、反接制动电气控制线路（试题代码：1.1.6；考核时间：60 min）

1. 试题单

（1）操作条件

1）电气控制电路鉴定板。

2）三相交流异步电动机。

3）连接导线、电工常用工具、万用表。

（2）操作内容。三相异步电动机减压启动、反接制动电气控制线路如下图所示。

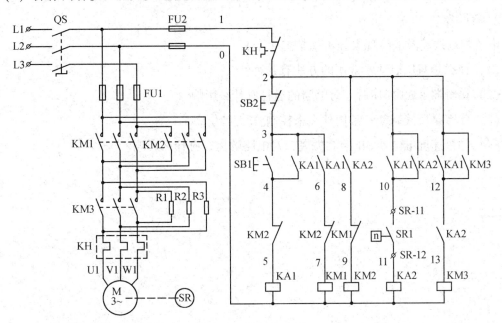

1）按三相异步电动机减压启动、反接制动电气控制线路在电气控制电路鉴定板上接线。

2）完成接线后进行通电调试与运行，达到控制要求。

3）电气控制线路及故障现象分析（抽选 1 个）。

①什么是减压启动？常用的方法有几种？

②接触器 KM3 损坏后，对电路的运行有什么影响？

③什么是反接制动？常用什么来控制？

④如果速度继电器 SR 控制失灵，对电路的运行有什么影响？

（3）操作要求

1）根据给定的设备、仪器和仪表，完成接线、调试与运行。

2）板面导线必须经线槽敷设，线槽外导线必须平直，各节点必须紧密，接电源、电动机、按钮等的导线必须通过接线柱引出。

3）装接完毕，经考评员允许方可通电调试与运行，如遇故障自行排除。

4）安全生产，文明操作。未经允许擅自通电，造成设备损坏者，该项目零分。

2. 答题卷

电气控制线路及故障现象分析（抽选1个）。

（1）什么是减压启动？常用的方法有几种？

（2）接触器KM3损坏后，对电路的运行有什么影响？

（3）什么是反接制动？常用什么来控制？

（4）如果速度继电器SR控制失灵，对电路的运行有什么影响？

3. 评分表

同上题。

六、安装和调试自耦变压器减压启动电气控制线路（试题代码：1.1.7；考核时间：60 min）

1. 试题单

（1）操作条件

1）电气控制电路鉴定板。

2）三相交流异步电动机。

3）连接导线、电工常用工具、万用表。

（2）操作内容。自耦变压器减压启动电气控制线路如下图所示。

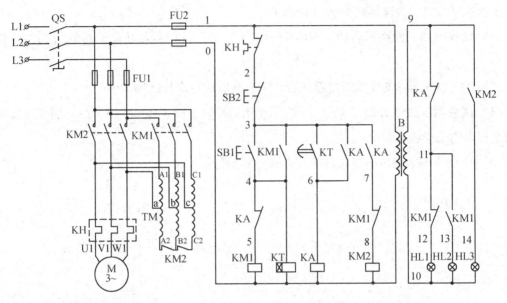

1）按自耦变压器减压启动电气控制线路在电气控制电路鉴定板上接线。

2）完成接线后进行通电调试与运行，达到控制要求。

3）电气控制线路及故障现象分析（抽选 1 个）。

①如果电路只能减压启动，不能全压运转，试分析产生该故障的接线方面的可能原因。

②时间继电器 KT 线圈断路损坏后，对电路的运行有什么影响？

③试说明电路中 KM1、KM2、KT、KA 和指示灯 HL1、HL2、HL3 在自耦变压器减压启动过程中的工作状态。

④什么是自耦变压器减压启动？它具有哪些特点？

（3）操作要求

1）根据给定的设备、仪器和仪表，完成接线、调试与运行。

2）板面导线必须经线槽敷设，线槽外导线必须平直，各节点必须紧密，接电源、电动机、按钮等的导线必须通过接线柱引出。

3）装接完毕，经考评员允许方可通电调试与运行，如遇故障自行排除。

4）安全生产，文明操作。未经允许擅自通电，造成设备损坏者，该项目零分。

2. 答题卷

电气控制线路及故障现象分析（抽选 1 个）。

（1）如果电路只能减压启动，不能全压运转，试分析产生该故障的接线方面的可能原因。

（2）时间继电器 KT 线圈断路损坏后，对电路的运行有什么影响？

（3）试说明电路中 KM1、KM2、KT、KA 和指示灯 HL1、HL2、HL3 在自耦变压器减压启动过程中的工作状态。

（4）什么是自耦变压器减压启动？它具有哪些特点？

3. 评分表

同上题。

七、安装和调试延边三角形减压启动电气控制线路（试题代码：1.1.8；考核时间：60 min）

1. 试题单

（1）操作条件

1）电气控制电路鉴定板。

2）三相交流异步电动机。

3）连接导线、电工常用工具、万用表。

（2）操作内容。延边三角形减压启动电气控制线路如下图所示。

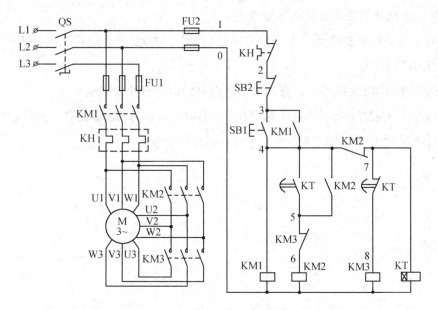

1）按延边三角形减压启动电气控制线路在电气控制电路鉴定板上接线。

2）完成接线后进行通电调试与运行，达到控制要求。

3）电气控制线路及故障现象分析（抽选 1 个）。

①如果电动机出现只能延边三角形减压启动，不能三角形运转，试分析产生该故障的接线方面的可能原因。

②时间继电器 KT 线圈断路损坏后，对电路的运行有什么影响？

③电路中 KM2 和 KM3 的常闭触点起什么作用？KM1 和 KM2 的常开触点起什么作用？

④什么是延边三角形减压启动？它具有哪些特点？

（3）操作要求

1）根据给定的设备、仪器和仪表，完成接线、调试与运行。

2）板面导线必须经线槽敷设，线槽外导线必须平直，各节点必须紧密，接电源、电动机、按钮等的导线必须通过接线柱引出。

3）装接完毕，经考评员允许方可通电调试与运行，如遇故障自行排除。

4）安全生产，文明操作。未经允许擅自通电，造成设备损坏者，该项目零分。

2. 答题卷

电气控制线路及故障现象分析（抽选 1 个）。

（1）如果电动机出现只能延边三角形减压启动，不能三角形运转，试分析产生该故障的接线方面的可能原因。

（2）时间继电器 KT 线圈断路损坏后，对电路的运行有什么影响？

（3）电路中 KM2 和 KM3 的常闭触点起什么作用？KM1 和 KM2 的常开触点起什么作用？

（4）什么是延边三角形减压启动？它具有哪些特点？

3. 评分表

同上题。

八、安装和调试带桥式整流的正反转能耗制动电气控制线路（试题代码：1.1.9；考核时间：60 min）

1. 试题单

（1）操作条件

1）电气控制电路鉴定板。

2）三相交流异步电动机。

3）连接导线、电工常用工具、万用表。

（2）操作内容。带桥式整流的正反转能耗制动电气控制线路如下图所示。

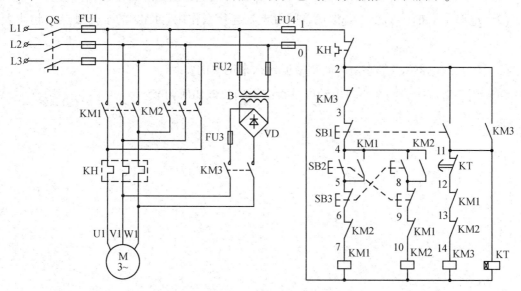

1）按带桥式整流的正反转能耗制动电气控制线路在电气控制电路鉴定板上接线。

2）完成接线后进行通电调试与运行，达到控制要求。

3）电气控制线路及故障现象分析（抽选 1 个）。

①时间继电器 KT 线圈断路损坏后，对电路的运行有什么影响？

②电路中 KM1、KM2、KM3 的常闭触点各起什么作用？KM3 的常开触点又起什么作用？

③时间继电器 KT 的整定时间是根据什么来调整的？

④制动直流电流的大小对电动机是否有影响？该如何调节？

（3）操作要求

1）根据给定的设备、仪器和仪表，完成接线、调试与运行。

2）板面导线必须经线槽敷设，线槽外导线必须平直，各节点必须紧密，接电源、电动机、按钮等的导线必须通过接线柱引出。

3）装接完毕，经考评员允许方可通电调试与运行，如遇故障自行排除。

4）安全生产，文明操作。未经允许擅自通电，造成设备损坏者，该项目零分。

2. 答题卷

电气控制线路及故障现象分析（抽选 1 个）。

（1）时间继电器 KT 线圈断路损坏后，对电路的运行有什么影响？

（2）电路中 KM1、KM2、KM3 的常闭触点各起什么作用？KM3 的常开触点又起什么作用？

（3）时间继电器 KT 的整定时间是根据什么来调整的？

（4）制动直流电流的大小对电动机是否有影响？该如何调节？

3. 评分表

同上题。

九、安装和调试转子交流异步电动机自动启动电气控制线路（试题代码：1.1.10；考核时间：60 min）

1. 试题单

（1）操作条件

1）电气控制电路鉴定板。

2）转子交流异步电动机。

3）连接导线、电工常用工具、万用表。

（2）操作内容。转子交流异步电动机自动启动电气控制线路如下图所示。

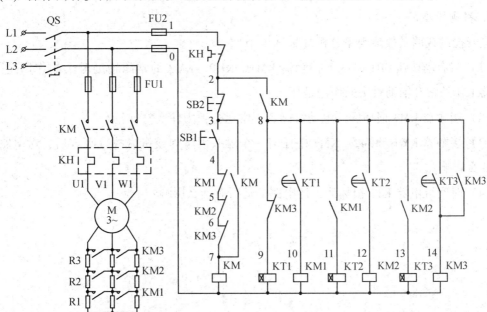

1）按转子交流异步电动机自动启动电气控制线路在电气控制电路鉴定板上接线。

2）完成接线后进行通电调试与运行，达到控制要求。

3）电气控制线路及故障现象分析（抽选 1 个）。

①与启动按钮 SB1 串联的接触器 KM1、KM2、KM3 的常闭辅助触头的作用是什么？接触器 KM 的常开辅助触头的作用是什么？

②接触器 KM3 损坏后，电动机能否正常运行，为什么？

③接触器 KM1、KM2、KM3 中任何一个触头因熔焊或机械故障吸合后，对电路的运行有什么影响？

④时间继电器 KT1 损坏后，对电路的运行有什么影响？

（3）操作要求

1）根据给定的设备、仪器和仪表，完成接线、调试与运行。

2）板面导线必须经线槽敷设，线槽外导线必须平直，各节点必须紧密，接电源、电动机、按钮等的导线必须通过接线柱引出。

3）装接完毕，经考评员允许方可通电调试与运行，如遇故障自行排除。

4）安全生产，文明操作。未经允许擅自通电，造成设备损坏者，该项目零分。

2. 答题卷

电气控制线路及故障现象分析（抽选 1 个）。

（1）与启动按钮 SB1 串联的接触器 KM1、KM2、KM3 的常闭辅助触头的作用是什么？接触器 KM 的常开辅助触头的作用是什么？

（2）接触器 KM3 损坏后，电动机能否正常运行，为什么？

（3）接触器 KM1、KM2、KM3 中任何一个触头因熔焊或机械故障吸合后，对电路的运行有什么影响？

（4）时间继电器 KT1 损坏后，对电路的运行有什么影响？

3. 评分表

同上题。

十、用 PLC 实现三相交流异步电动机 丫－△ 启动 （试题代码：1.2.1；考核时间：60 min）

1. 试题单

（1）操作条件

1）鉴定装置 1 台（已配置 FX_{2N}-48MR 或以上规格的 PLC，以及主令电器、指示灯、传感器或传感器信号模拟发生器等）。

2）计算机 1 台（已装有鉴定软件和三菱 SWOPC-FXGP/WIN-C 编程软件）。

3）鉴定装置专用连接导线若干根。

（2）操作内容。右图所示为一个控制三相交流异步电动机丫-△ 启动的主电路。启动时，首先使接触器 KM1、KM2 的常开触点闭合，5 s 后再使接触器 KM1 的常开触点从接通到断开，而接触器 KM3 的常开触点闭合，达到丫形启动、△形运转的目的。按停止按钮，电动机停止运行。

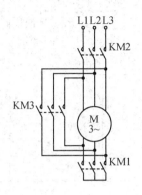

各元器件说明和输入、输出端口配置表由鉴定软件自动生成。

1）在鉴定装置上接线。

2）根据控制工艺要求设计 PLC 梯形图或语句表。

3）程序输入和系统调试。

（3）操作要求

1）根据控制工艺要求设计 PLC 梯形图或语句表。

2）按输入、输出端口配置表接线。

3）用基本指令编制程序，进行程序输入并完成系统调试。

4）未经允许擅自通电，造成设备损坏者，该项目零分。

2. 答题卷

按考核要求写出梯形图或语句表（按基本指令编程）。

3. 评分表

试题代码及名称			1.2.1 用 PLC 实现三相交流异步电动机 Υ-△ 启动							考核时间		60 min
评价要素	配分（分）	等级	评分细则	A	B	C	D	E		得分（分）		
否决项			未经允许擅自通电，造成设备损坏者，该项目零分									
1 接线	4	A	接线完全正确									
		B	接线有 1 根错									
		C	接线有 2 根错									
		D	接线有 3 根以上错									
		E	未答题									
2 梯形图设计或语句表编写	10	A	梯形图或语句表正确表达控制要求									
		B	梯形图或语句表错 1~2 点									
		C	梯形图或语句表错 3~5 点									
		D	梯形图或语句表错 6 点及以上									
		E	未答题									
3 用编程器或计算机软件输入程序	3	A	程序输入步骤正确，程序正确									
		B	输入程序错 1 次，能修改，程序基本正确									
		C	输入程序错 2 次，能修改，程序基本正确									
		D	程序输入错，不会修改									
		E	未答题									
4 模拟调试	6		调试步骤正确，能达到控制要求									
			系统运行失败或未达到控制要求 1 次，结果正确									
			系统运行失败或未达到控制要求 2 次，结果正确									
			通电调试失败									
			未答题									
5 安全文明生产，无事故发生	2	A	安全文明生产，符合操作规程									
		B	未经允许擅自通电接线									
		C	—									
		D	未经允许擅自通电，但未造成设备损坏									
		E	未经允许擅自通电，造成设备损坏者该项目零分									
合计配分	25		合计得分									

等级	A（优）	B（良）	C（及格）	D（较差）	E（差或未答题）
比值	1.0	0.8	0.6	0.2	0

"评价要素"得分=配分×等级比值。

十一、用 PLC 实现三相交流异步电动机正反转控制（试题代码：1.2.2；考核时间：60 min）

1. 试题单

（1）操作条件

1）鉴定装置 1 台（已配置 FX_{2N}-48MR 或以上规格的 PLC，以及主令电器、指示灯、传感器或传感器信号模拟发生器等）。

2）计算机 1 台（已装有鉴定软件和三菱 SWOPC-FXGP/WIN-C 编程软件）。

3）鉴定装置专用连接导线若干根。

（2）操作内容。当按下正转按钮 SB1，接触器 KM1 接通电动机开始正转运行，在电动机正转运行的前 X s 内不允许电动机反转，即使按下反转按钮 SB2 也不改变运行方向，仍然正转。

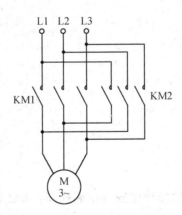

当按下反转按钮 SB2，接触器 KM2 接通电动机开始反转运行，在电动机反转运行的前 X s 内不允许电动机正转，即使按下正转按钮 SB1 也不改变运行方向，仍然反转。

当按下停止按钮 SB3，电动机停止运行。

各元器件说明和输入、输出端口配置表由鉴定软件在答题卷上自动生成。

1）在鉴定装置上接线。

2）根据控制工艺要求设计 PLC 梯形图或语句表。

3）程序输入和系统调试。

（3）操作要求

1）根据控制工艺要求设计 PLC 梯形图或语句表。

2）按输入、输出端口配置表接线。

3）用基本指令编制程序，进行程序输入并完成系统调试。

4）未经允许擅自通电，造成设备损坏者，该项目零分。

2. 答题卷

按考核要求写出梯形图或语句表（按基本指令编程）。

3. 评分表

同上题。

十二、用 PLC 实现水塔水位自动控制（试题代码：1.2.3；考核时间：60 min）

1. 试题单

（1）操作条件

1）鉴定装置 1 台（已配置 FX_{2N}-48MR 或以上规格的 PLC，以及主令电器、指示灯、传感器或传感器信号模拟发生器等）。

2）计算机 1 台（已装有鉴定软件和三菱 SWOPC-FXGP/WIN-C 编程软件）。

3）鉴定装置专用连接导线若干根。

（2）操作内容。图中水塔上设有 4 个液位传感器，分别为 SQ1、SQ2、SQ3 和 SQ4，凡液面高于传感器安装位置则传感器接通（ON），低于传感器安装位置则传感器断开（OFF），其中 SQ1 和 SQ4 起急停保护作用，当 SQ2 或 SQ3 失灵时发出报警信号。

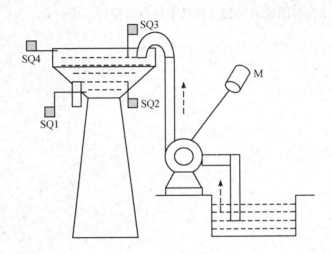

使用水泵将水池中的水抽到水塔中，按下启动按钮 SB1 后水泵开始运行，直到收到 SQ3 信号并保持 X s 以上，确认水位到达高液位时停止运行；当水塔水位下降到低水位时 SQ2 接通，则重新开启水泵。

一旦 SQ3 传感器失灵，在收到 SQ4 信号时点亮高液位报警指示灯并立即停止整个控制程序；一旦 SQ2 传感器失灵，在收到 SQ1 信号时点亮低液位报警指示灯并立即停止整个控制程序。

按下停止按钮 SB2 后停止整个控制程序。

各元器件说明和输入、输出端口配置表由鉴定软件在答题卷上自动生成。

1）在鉴定装置上接线。

2）根据控制工艺要求设计 PLC 梯形图或语句表。

3）程序输入和系统调试。

（3）操作要求

1）根据控制工艺要求设计 PLC 梯形图或语句表。

2）按输入、输出端口配置表接线。

3）用基本指令编制程序，进行程序输入并完成系统调试。

4）未经允许擅自通电，造成设备损坏者，该项目零分。

2. 答题卷

按考核要求写出梯形图或语句表（按基本指令编程）。

3. 评分表

同上题。

十三、用 PLC 实现装卸料小车自动控制（试题代码：1.2.4；考核时间：60 min）

1. 试题单

（1）操作条件

1）鉴定装置 1 台（已配置 FX_{2N}-48MR 或以上规格的 PLC，以及主令电器、指示灯、传感器或传感器信号模拟发生器等）。

2）计算机 1 台（已装有鉴定软件和三菱 SWOPC-FXGP/WIN-C 编程软件）。

3）鉴定装置专用连接导线若干根。

（2）操作内容。按启动按钮 SB1，小车在 1 号仓装料 X s 后由 1 号仓送料到 2 号仓，到达限位开关 SQ2 后，停留 Y s 卸料，然后空车返回 1 号仓，碰限位开关 SQ1 后重复上述工作过程。

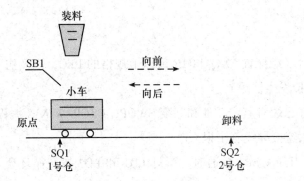

按下停止按钮 SB2，小车立即停止。

各元器件说明和输入、输出端口配置表由鉴定软件自动生成。

1）在鉴定装置上接线。

2）根据控制工艺要求设计 PLC 梯形图或语句表。

3）程序输入和系统调试。

（3）操作要求

1）根据控制工艺要求设计 PLC 梯形图或语句表。

2）按输入、输出端口配置表接线。

3）用基本指令编制程序，进行程序输入并完成系统调试。

4）未经允许擅自通电，造成设备损坏者，该项目零分。

2. 答题卷

按考核要求写出梯形图或语句表（按基本指令编程）。

3. 评分表

同上题。

十四、用 PLC 实现彩灯闪烁控制（试题代码：1.2.5；考核时间：60 min）

1. 试题单

（1）操作条件

1）鉴定装置 1 台（已配置 FX$_{2N}$-48MR 或以上规格的 PLC，以及主令电器、指示灯、传感器或传感器信号模拟发生器等）。

2）计算机 1 台（已装有鉴定软件和三菱 SWOPC-FXGP/WIN-C 编程软件）。

3）鉴定装置专用连接导线若干根。

（2）操作内容。当开关 SB1 接通时，彩灯 LD1 和 LD2 按照循环要求工作；当开关 SB1 断开后，彩灯都熄灭。

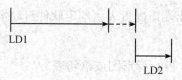

灯工作循环：

LD1 彩灯亮，延时 X s→闪烁三次（每一个周期为亮 1 s、熄 1 s）→LD2 彩灯亮，延时 Y s 后熄灭→进入再循环。

各元器件说明和输入、输出端口配置表由鉴定软件自动生成。

1）在鉴定装置上接线。

2）根据控制工艺要求设计 PLC 梯形图或语句表。

3）程序输入和系统调试。

（3）操作要求

1）根据控制工艺要求设计 PLC 梯形图或语句表。

2）按输入、输出端口配置表接线。

3）用基本指令编制程序，进行程序输入并完成系统调试。

4）未经允许擅自通电，造成设备损坏者，该项目零分。

2. 答题卷

按考核要求写出梯形图或语句表（按基本指令编程）。

3. 评分表

同上题。

十五、用 PLC 实现智力竞赛抢答装置控制（试题代码：1. 2. 7；考核时间：60 min）

1. 试题单

（1）操作条件

1）鉴定装置 1 台（已配置 FX_{2N}-48MR 或以上规格的 PLC，以及主令电器、指示灯、传感器或传感器信号模拟发生器等）。

2）计算机 1 台（已装有鉴定软件和三菱 SWOPC-FXGP／WIN-C 编程软件）。

3）鉴定装置专用连接导线若干根。

（2）操作内容。主持人通过开始抢答按钮 SB3 控制两个抢答桌。

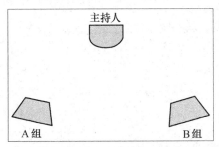

　　主持人说出题目并按下开始抢答按钮 SB3 后，抢答开始。哪组先按按钮，哪组桌子上的灯即亮，同时接通电铃 DL，后抢答无效。延时 X s 后电铃停，并点亮答题指示灯，答题时间为 Y s，答题时间到后熄灭抢答灯和答题灯，本轮抢答结束。若 X s 内没人抢答，本轮抢答结束。

　　各元器件说明和输入、输出端口配置表由鉴定软件自动生成。

　　1）在鉴定装置上接线。

　　2）根据控制工艺要求设计 PLC 梯形图或语句表。

　　3）程序输入和系统调试。

　　（3）操作要求

　　1）根据控制工艺要求设计 PLC 梯形图或语句表。

　　2）按输入、输出端口配置表接线。

　　3）用基本指令编制程序，进行程序输入并完成系统调试。

　　4）未经允许擅自通电，造成设备损坏者，该项目零分。

　　2. 答题卷

　　按考核要求写出梯形图或语句表（按基本指令编程）。

3. 评分表

同上题。

十六、用 PLC 实现加热炉上料装置自动控制（试题代码：1.2.8；考核时间：60 min）

1. 试题单

（1）操作条件

1）鉴定装置 1 台（已配置 FX_{2N}-48MR 或以上规格的 PLC，以及主令电器、指示灯、传感器或传感器信号模拟发生器等）。

2）计算机 1 台（已装有鉴定软件和三菱 SWOPC-FXGP/WIN-C 编程软件）。

3）鉴定装置专用连接导线若干根。

（2）操作内容。按 SB1 启动按钮，KM1 得电，炉门电动机正转，炉门开。

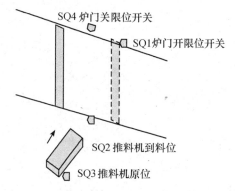

压限位开关 SQ1，KM1 失电，炉门电动机停转，KM3 得电，推料机电动机正转，推料机前进。

压限位开关 SQ2，KM3 失电，KM4 得电，推料机电动机反转，推料机退到原位。

压限位开关 SQ3，KM4 失电，推料机电动机停转，KM2 得电，炉门电动机反转，炉门闭。

压限位开关 SQ4，KM2 失电，炉门电动机停转，SQ4 常开触点闭合，延时 X s 后开始下次循环。

上述过程不断运行，直到按下停止按钮 SB2，工作立即停止。

各元器件说明和输入、输出端口配置表由鉴定软件自动生成。

1）在鉴定装置上接线。

2）根据控制工艺要求设计 PLC 梯形图或语句表。

3）程序输入和系统调试。

（3）操作要求

1）根据控制工艺要求设计 PLC 梯形图或语句表。

2）按输入、输出端口配置表接线。

3）用基本指令编制程序，进行程序输入并完成系统调试。

4）未经允许擅自通电，造成设备损坏者，该项目零分。

2. 答题卷

按考核要求写出梯形图或语句表（按基本指令编程）。

3. 评分表

同上题。

十七、用 PLC 实现钻孔动力头自动控制（试题代码：1.2.9；考核时间：60 min）

1. 试题单

（1）操作条件

1）鉴定装置 1 台（已配置 FX$_{2N}$-48MR 或以上规格的 PLC，以及主令电器、指示灯、传感器或传感器信号模拟发生器等）。

2）计算机 1 台（已装有鉴定软件和三菱 SWOPC-FXGP/WIN-C 编程软件）。

3）鉴定装置专用连接导线若干根。

（2）操作内容。动力头在原位时，得到启动信号后接通电磁阀 YV1，动力头快进；动力头碰到限位开关 SQ1 后，接通电磁阀 YV1 和 YV2，动力头由快进转为工进，同时动力头电动机转动（由 KM1 控制）；动力头碰到限位开关 SQ2 后，电磁阀 YV1 和 YV2 失电，并开

始延时 X s；延时时间到，接通电磁阀 YV3，动力头快退；动力头回到原位即停止电磁阀 YV3 及动力头电动机。

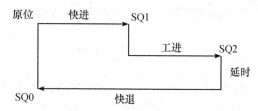

各元器件说明和输入、输出端口配置表由鉴定软件自动生成。

1）在鉴定装置上接线。

2）根据控制工艺要求设计 PLC 梯形图或语句表。

3）程序输入和系统调试。

（3）操作要求

1）根据控制工艺要求设计 PLC 梯形图或语句表。

2）按输入、输出端口配置表接线。

3）用基本指令编制程序，进行程序输入并完成系统调试。

4）未经允许擅自通电，造成设备损坏者，该项目零分。

2. 答题卷

按考核要求写出梯形图或语句表（按基本指令编程）。

3. 评分表

同上题。

十八、用 PLC 实现仓库门开闭自动控制（试题代码：1.2.10；考核时间：60 min）

1. 试题单

（1）操作条件

1）鉴定装置 1 台（已配置 FX_{2N}-48MR 或以上规格的 PLC，以及主令电器、指示灯、传感器或传感器信号模拟发生器等）。

2）计算机 1 台（已装有鉴定软件和三菱 SWOPC-FXGP/WIN-C 编程软件）。

3）鉴定装置专用连接导线若干根。

（2）操作内容。正转接触器 KM1 使电动机开门，反转接触器 KM2 使电动机关门。在仓库门的上方装设一个超声波传感器 SQ3，当人（车）进入仓库时产生输出电信号（SQ3 = ON），由该信号使电动机 M 正转，卷帘上升开门，门升至开门上限开关 SQ1 后停止。延时 X s 后电动机 M 反转，卷帘下降自动关门。门关至关门下限开关 SQ2 后停止。电动机关门时，若超声波开关探测到信号，则立即停止关门并自动转为开门。用按钮 SB1 手动控制开门和 SB2 手动控制关门。手动开关门时，自动开关门控制无效。

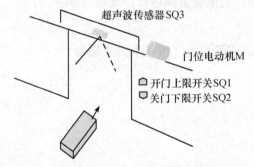

各元器件说明和输入、输出端口配置表由鉴定软件自动生成。

1）在鉴定装置上接线。

2）根据控制工艺要求设计 PLC 梯形图或语句表。

3）程序输入和系统调试。

（3）操作要求

1）根据控制工艺要求设计 PLC 梯形图或语句表。

2）按输入、输出端口配置表接线。

3）用基本指令编制程序，进行程序输入并完成系统调试。

4）未经允许擅自通电，造成设备损坏者，该项目零分。

2. 答题卷

按考核要求写出梯形图或语句表（按基本指令编程）。

3. 评分表

同上题。

电气控制线路维修

一、M7130 平面磨床电气控制线路故障检查、分析及排除（试题代码：2.1.1；考核时间：30 min）

1. 试题单

（1）操作条件

1）M7130 平面磨床电气控制电路故障模拟鉴定装置。

2）M7130 平面磨床电气控制线路图。

3）电工常用工具、万用表。

（2）操作内容。根据给定的 M7130 平面磨床电气控制电路故障模拟鉴定装置和 M7130 平面磨床电气控制线路图，用万用表等工具进行检查，对故障现象和原因进行分析，找出实际故障点。

（3）操作要求

1）根据给定的设备、仪器和仪表，完成故障检查、分析及排除工作。

2）接通电源，自行根据工作现象判断故障，并将故障内容填入答题卷中。

3）根据故障现象，做简要分析，并填写答题卷。

4）用万用表等工具进行检查，寻找故障点，将实际故障点填入答题卷中。

5）安全生产，文明操作。未经允许擅自通电，造成设备损坏者，该项目零分。

2. 答题卷

（1）第一个故障

故障现象：

分析可能的故障原因：

写出实际故障点：

（2）第二个故障

故障现象:

分析可能的故障原因:

写出实际故障点:

3. 评分表

试题代码及名称			2.1.1 M7130 平面磨床电气控制线路故障检查、分析及排除	考核时间				30 min	
评价要素		配分（分）	等级	评分细则	评定等级					得分（分）
					A	B	C	D	E	
否决项				未经允许擅自通电，造成设备损坏者，该项目零分						
1	根据考件中的设定故障，以书面形式写出故障现象	5	A	通电检查，2个故障现象判别完全正确						
			B	通电检查，2个故障现象判别基本正确						
			C	通电检查，1个故障现象判别正确，另1个故障现象判别不正确						
			D	通电检查，2个故障现象均判别错误						
			E	未答题						
2	根据考件中的故障现象，对故障原因以书面形式做简要分析	8	A	2个故障原因分析完全正确						
			B	2个故障原因分析基本正确						
			C	1个故障原因分析完全正确，另1个故障原因分析错误						
			D	2个故障原因分析均有错误						
			E	未答题						

续表

试题代码及名称			2.1.1　M7130平面磨床电气控制线路故障检查、分析及排除				考核时间		30 min	
评价要素	配分（分）	等级	评分细则	评定等级						得分（分）
				A	B	C	D	E		
3 排除故障，写出实际故障点	10	A	2个故障排除完全正确							
		B	1个故障排除正确，另1个故障排除不正确							
		C	经返工后能排除1个故障							
		D	2个故障均未能排除							
		E	未答题							
4 安全文明生产，无事故发生	2	A	安全文明生产，符合操作规程							
		B	安全文明生产，符合操作规程，但未穿电工鞋							
		C	—							
		D	未经允许擅自通电，但未造成设备损坏或在操作过程中烧断熔断器							
		E	未答题							
合计配分	25		合计得分							

等级	A（优）	B（良）	C（及格）	D（较差）	E（差或未答题）
比值	1.0	0.8	0.6	0.2	0

"评价要素"得分=配分×等级比值。

二、C6150车床电气控制线路故障检查、分析及排除（试题代码：2.1.2；考核时间：30 min）

1. 试题单

（1）操作条件

1）C6150车床电气控制电路故障模拟鉴定装置。

2）C6150车床电气控制线路图。

3）电工常用工具、万用表。

（2）操作内容。根据给定的C6150车床电气控制电路故障模拟鉴定装置和C6150车床电气控制线路图，用万用表等工具进行检查，对故障现象和原因进行分析，找出实际故障点。

（3）操作要求

1）根据给定的设备、仪器和仪表，完成故障检查、分析及排除工作。

2）接通电源，自行根据工作现象判断故障，并将故障内容填入答题卷中。

3）根据故障现象，做简要分析，并填写答题卷。

4）用万用表等工具进行检查，寻找故障点，将实际故障点填入答题卷中。

5）安全生产，文明操作。未经允许擅自通电，造成设备损坏者，该项目零分。

2. 答题卷

（1）第一个故障

故障现象：

分析可能的故障原因：

写出实际故障点：

（2）第二个故障

故障现象：

分析可能的故障原因：

写出实际故障点：

3. 评分表

同上题。

电子线路装调

一、RC 阻容放大电路装调（试题代码：3.1.1；考核时间：60 min）

1. 试题单

（1）操作条件

1）印制电路板 1 块。

2）万用表 1 个。

3）双踪示波器 1 台。

4）焊接工具 1 套。

5）相关元器件 1 袋。

6）信号发生器 1 台。

（2）操作内容

1）检测电子元器件，判断是否合格。

2）按照 RC 阻容放大电路图，在已经焊有部分元器件的印制电路板上完成安装及焊接。

3）安装后通电调试，测三极管 V1、V2 的静态电压，用示波器实测并画出波形图。

（3）操作要求

1）根据给定的印制电路板和仪器仪表，在规定时间内完成焊接、调试及测量工作。

2）调试过程中，一般故障自行解决。

3）焊接完成后，必须经考评员允许方可通电调试。

4）安全生产，文明操作。未经允许擅自通电，造成设备损坏者，该项目零分。

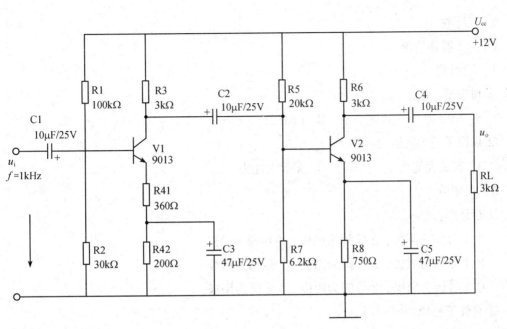

附电路元器件清单（表中带下划线的元器件名表示该元器件为本印制电路板上已焊接的元器件）：

序号	符号	名称	型号与规格	数量
1	V1、V2	三极管	9013	2
2	C1、C2、C4	电解电容	10 μF/25 V	3
3	C3、C5	电解电容	47 μF/25 V	2
4	R1	电阻	100 kΩ、1/4 W	1
5	R2	电阻	30 kΩ、1/4 W	1
6	R5	电阻	20 kΩ、1/4 W	1
7	R7	电阻	6.2 kΩ、1/4 W	1
8	R3、R6、RL	电阻	3 kΩ、1/4 W	3
9	R8	电阻	750 Ω、1/4 W	1
10	R41	电阻	360 Ω、1/4 W	1
11	R42	电阻	200 Ω、1/4 W	1

2. 答题卷

（1）元器件检测

1）三极管

①判管型：（　　）。

    A. NPN 管　　　　　　　　　B. PNP 管

②判管子的放大能力：（　　）。

    A. 有放大能力　　　　　　　B. 无放大能力

2）晶闸管

①判管脚：（　　）。

    A. 1 号脚为阳极，2 号脚为阴极，3 号脚为门极

    B. 1 号脚为阴极，2 号脚为阳极，3 号脚为门极

    C. 1 号脚为门极，2 号脚为阴极，3 号脚为阳极

②判管子好坏：（　　）。

    A. 好　　　　　　　　　　　B. 坏

3）单结晶体管

①判管脚：（　　）。

    A. 1 号脚为 E 极　　　　B. 2 号脚为 E 极　　　　C. 3 号脚为 E 极

②判管子好坏：（　　）。

    A. 好　　　　　　　　　　　B. 坏

（2）仪器和仪表使用

1）测三极管 V1、V2 的静态电压：U_{V1C} ＿＿＿＿＿＿＿、U_{V1E} ＿＿＿＿＿＿＿、U_{V2C} ＿＿＿＿＿＿＿、U_{V2E} ＿＿＿＿＿＿＿。

2）用示波器实测并画出 RC 阻容放大电路各点波形图

①u_i 波形

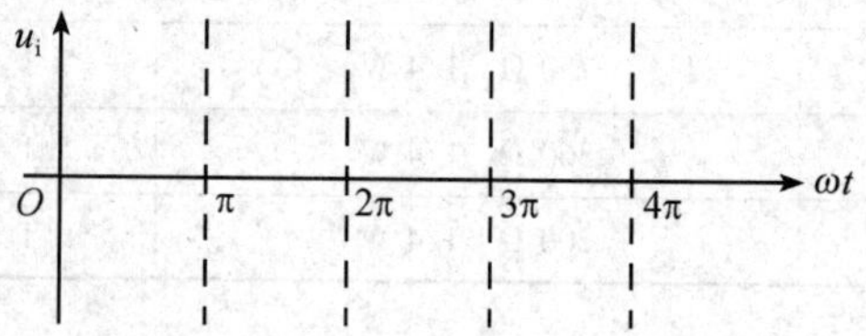

②第一级输出波形

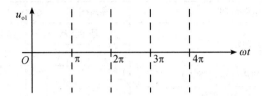

③u_o 最大不失真时的波形

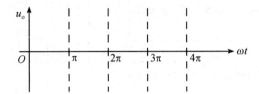

3. 评分表

试题代码及名称			3.1.1　RC 阻容放大电路装调	考核时间					60 min	
评价要素	配分（分）	等级	评分细则	评定等级					得分（分）	
				A	B	C	D	E		
否决项			未经允许擅自通电，造成设备损坏者，该项目零分							
1　元器件检测	3	A	全对							
		B	错 1 个							
		C	错 2 个							
		D	错 3 个及以上							
		E	未答题							
2　按电路图焊接	5	A	焊接元器件正确，焊点齐全光洁、无毛刺和虚焊							
		B	焊接元器件有错，但能自行修正，且无毛刺、无虚焊							
		C	—							
		D	焊接元器件经自行修正后还有错							
		E	未答题							

续表

试题代码及名称			3.1.1 RC 阻容放大电路装调		考核时间		60 min	
评价要素	配分（分）	等级	评分细则	评定等级				得分（分）
				A	B	C	D	E	

				评定等级					得分（分）
评价要素	配分（分）	等级	评分细则	A	B	C	D	E	
3 示波器使用	2	A	能合理选择量程及正确使用探头实测波形						
		B	能选择量程及使用探头，实测波形错1处						
		C	能选择量程及使用探头，实测波形错2处						
		D	选择量程或使用探头有错，实测波形错3处及以上						
		E	未答题						
4 通电调试	8	A	合理选择仪器仪表，正确使用电源，按电路原理有序调试						
		B	调试失败1次，结果正确						
		C	调试失败2次，结果正确						
		D	调试失败						
		E	未答题						
5 画波形图或测量有关数据	5	A	实测并绘制波形，或测量有关数据完全正确						
		B	实测并绘制波形，或测量有关数据错1处						
		C	实测并绘制波形，或测量有关数据错2处						
		D	实测并绘制波形，或测量有关数据错3处及以上						
		E	未答题						
6 安全文明生产，无事故发生	2	A	安全文明生产，符合操作规程						
		B	操作过程中损坏元器件1~2个						
		C	操作过程中损坏元器件3个及以上						
		D	不能安全文明生产，不符合操作规程						
		E	未答题						
合计配分	25		合计得分						

等级	A（优）	B（良）	C（及格）	D（较差）	E（差或未答题）
比值	1.0	0.8	0.6	0.2	0

"评价要素"得分＝配分×等级比值。

二、RC 桥式振荡电路装调（试题代码：3.2.1；考核时间：60 min）

1. 试题单

(1) 操作条件

1) 印制电路板 1 块。

2) 万用表 1 个。

3) 双踪示波器 1 台。

4) 焊接工具 1 套。

5) 相关元器件 1 袋。

(2) 操作内容

1) 检测电子元器件，判断是否合格。

2) 按 RC 桥式振荡电路图，在已经焊有部分元器件的印制电路板上完成安装及焊接。

3) 安装后通电调试，测三极管 V1、V2 的静态电压，用示波器实测并画出波形图。

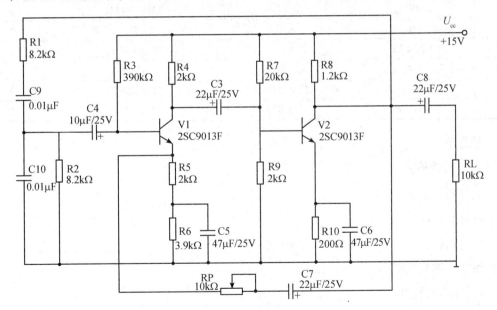

(3) 操作要求

1) 根据给定的印制电路板和仪器仪表，在规定时间内完成焊接、调试及测量工作。

2) 调试过程中，一般故障自行解决。

3）焊接完成后，必须经考评员允许方可通电调试。

4）安全生产，文明操作。未经允许擅自通电，造成设备损坏者，该项目零分。

附电路元器件清单（表中带下划线的元器件名表示该元器件为本印制电路板上已焊接的元器件）：

序号	符号	名称	型号与规格	数量
1	V1、V2	三极管	2SC9013F	2
2	R1、R2	电阻	RT、8.2 kΩ、1/4 W	2
3	R3	电阻	RT、390 kΩ、1/4 W	1
4	R4、R5、R9	电阻	RT、2 kΩ、1/4 W	3
5	R6	电阻	RT、3.9 kΩ、1/4 W	1
6	R7	电阻	RT、20 kΩ、1/4 W	1
7	R8	电阻	RT、1.2 kΩ、1/4 W	1
8	R10	电阻	RT、200 Ω、1/4 W	1
9	RP	电位器	WH5、10 kΩ	1
10	RL	电阻	RT、10 kΩ、1/4 W	1
11	C9、C10	电容	CBB、0.01 μF	2
12	C4	电解电容	10 μF/25 V	1
13	C3、C7、C8	电解电容	22 μF/25 V	3
14	C5、C6	电解电容	47 μF/25 V	2

2. 答题卷

（1）元器件检测

1）三极管

①判管型：（　　）。

  A. NPN 管　　　　　　　　B. PNP 管

②判管子的放大能力：（　　）。

  A. 有放大能力　　　　　　B. 无放大能力

2）晶闸管

①判管脚：（　　）。

  A. 1 号脚为阳极，2 号脚为阴极，3 号脚为门极

B. 1 号脚为阴极，2 号脚为阳极，3 号脚为门极

C. 1 号脚为门极，2 号脚为阴极，3 号脚为阳极

②判管子好坏：（　　）。

A. 好　　　　　　　　　　B. 坏

3）单结晶体管

①判管脚：（　　）。

A. 1 号脚为 E 极　　　　　B. 2 号脚为 E 极　　　　　C. 3 号脚为 E 极

②判管子好坏：（　　）。

A. 好　　　　　　　　　　B. 坏

（2）仪器和仪表使用

1）测三极管 V1、V2 的静态电压：U_{V1C}＿＿＿＿＿、U_{V1E}＿＿＿＿＿、U_{V2C}＿＿＿＿＿、U_{V2E}

＿＿＿＿＿。

2）用示波器实测并画出 RC 桥式振荡电路各点波形图。

①正反馈信号

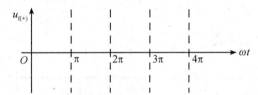

②V1 集电极信号波形

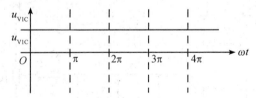

③输出电压波形

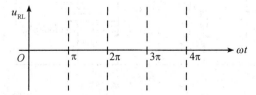

3. 评分表

同上题。

三、单结晶体管触发电路装调（试题代码：3.3.1；考核时间：60 min）

1. 试题单

（1）操作条件

1）印制电路板 1 块。

2）万用表 1 个。

3）双踪示波器 1 台。

4）焊接工具 1 套。

5）相关元器件 1 袋。

6）信号发生器 1 台。

（2）操作内容

1）检测电子元器件，判断是否合格。

2）按单结晶体管触发电路图，在已经焊有部分元器件的印制电路板上完成安装及焊接。

3）安装后通电调试，用示波器实测并画出波形图。

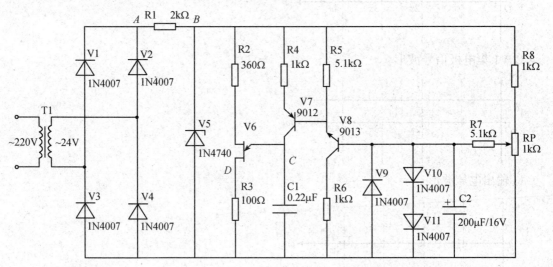

（3）操作要求

1）根据给定的印制电路板和仪器仪表，在规定时间内完成焊接、调试及测量工作。

2）调试过程中，一般故障自行解决。

3）焊接完成后，必须经考评员允许方可通电调试。

4）安全生产，文明操作。未经允许擅自通电，造成设备损坏者，该项目零分。

附电路元器件清单（表中带下划线的元器件名表示该元器件为本印制电路板上已焊接的元器件）：

序号	符号	名称	型号与规格	数量
1	V1~V3、V4、V9、V10、V11	二极管	1N4007	7
2	V5	稳压管	1N4740（10 V）	1
3	V6	单结晶体管	BT33A	1
4	V7	三极管	9012	1
5	V8	三极管	9013	1
6	R1	电阻	RT、2 kΩ、1/4 W	1
7	R2	电阻	RT、360 Ω、1/4 W	1
8	R3	电阻	RT、100 Ω、1/4 W	1
9	R4、R6、R8	电阻	RT、1 kΩ、1/4 W	3
10	R5、R7	电阻	RT、5.1 kΩ、1/4 W	2
11	RP	电位器	WH5、1 kΩ	1
12	C1	电容	CBB、0.22 μF	1
13	C2	电解电容	200 μF/16 V	1

2. 答题卷

（1）元器件检测

1）三极管

①判管型：（　　　）。

　A. NPN 管　　　　　　　B. PNP 管

②判管子的放大能力：（　　　）。

　A. 有放大能力　　　　　B. 无放大能力

2）晶闸管

①判管脚：（　　　）。

    A. 1 号脚为阳极，2 号脚为阴极，3 号脚为门极

    B. 1 号脚为阴极，2 号脚为阳极，3 号脚为门极

    C. 1 号脚为门极，2 号脚为阴极，3 号脚为阳极

②判管子好坏：（　　）。

    A. 好　　　　　　　　　　B. 坏

3）单结晶体管

①判管脚：（　　）。

    A. 1 号脚为 E 极　　　　B. 2 号脚为 E 极　　　　C. 3 号脚为 E 极

②判管子好坏：（　　）。

    A. 好　　　　　　　　　　B. 坏

（2）仪器和仪表使用（用示波器实测并画出单结晶体管触发电路各点波形图）

1）桥式整流后脉动电压

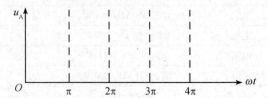

2）梯形波同步电压

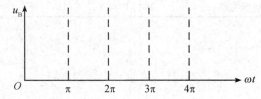

3）锯齿波电压

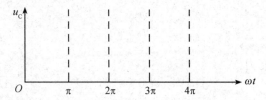

4）输出脉冲

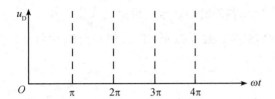

3. 评分表

同上题。

四、晶闸管延时电路装调（试题代码：3.3.3；考核时间：60 min）

1. 试题单

（1）操作条件

1）印制电路板 1 块。

2）万用表 1 个。

3）双踪示波器 1 台。

4）焊接工具 1 套。

5）相关元器件 1 袋。

6）信号发生器 1 台。

（2）操作内容

1）检测电子元器件，判断是否合格。

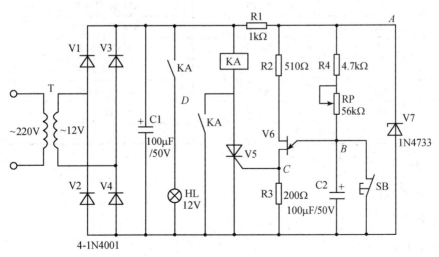

2）按晶闸管延时电路图，在已经焊有部分元器件的印制电路板上完成安装及焊接。

3）安装后通电调试，用示波器实测并画出波形图（按下 SB 按钮经延时后灯 HL 亮，HL 亮则立即放开 SB 按钮）。

（3）操作要求

1）根据给定的印制电路板和仪器仪表，在规定时间内完成焊接、调试及测量工作。

2）调试过程中，一般故障自行解决。

3）焊接完成后，必须经考评员允许方可通电调试。

4）安全生产，文明操作。未经允许擅自通电，造成设备损坏者，该项目零分。

附电路元器件清单（表中带下划线的元器件名表示该元器件为本印制电路板上已焊接的元器件）：

序号	符号	名称	型号与规格	数量
1	V1、V2、V3、V4	二极管	1N4007	4
2	V5	晶闸管	MCR100-6	1
3	V6	单结晶体管	BT33A	1
4	V7	稳压管	1N4733（5.1 V）	1
5	R1	电阻	1 kΩ、1/4 W	1
6	R2	电阻	510 Ω、1/4 W	1
7	R3	电阻	200 Ω、1/4 W	1
8	R4	电阻	4.7 kΩ、1/4 W	1
9	RP	电位器	WH5、56 kΩ	1
10	C1、C2	电解电容	100 μF/25 V	2
11	KA	继电器	G5V-2（12 V）	1
12	HL	灯泡	12 V	1
13	SB	开关	—	1

2. 答题卷

（1）元器件检测

1）三极管

①判管型：（　　　）。

A. NPN 管　　　　　　B. PNP 管

②判管子的放大能力：（　　　）。

A. 有放大能力　　　　B. 无放大能力

2）晶闸管

①判管脚：（　　　）。

A. 1 号脚为阳极，2 号脚为阴极，3 号脚为门极

B. 1 号脚为阴极，2 号脚为阳极，3 号脚为门极

C. 1 号脚为门极，2 号脚为阴极，3 号脚为阳极

②判管子好坏：（　　　）。

A. 好　　　　　　　　B. 坏

3）单结晶体管

①判管脚：（　　　）。

A. 1 号脚为 E 极　　　B. 2 号脚为 E 极　　　C. 3 号脚为 E 极

②判管子好坏：（　　　）。

A. 好　　　　　　　　B. 坏

（2）仪器和仪表使用（用示波器实测并画出晶闸管延时电路各点波形图）

1）V7 两端电压波形

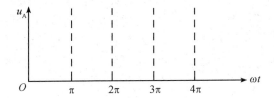

2）C2 两端电压波形

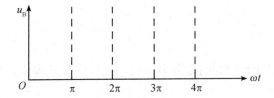

3）R3 两端电压波形

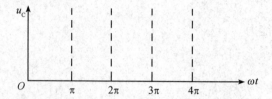

4）HL 两端电压波形

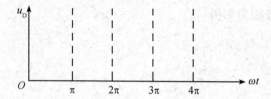

3. 评分表

同上题。

五、晶体管稳压电路装调（试题代码：3.4.1；考核时间：60 min）

1. 试题单

（1）操作条件

1）印制电路板 1 块。

2）万用表 1 个。

3）双踪示波器 1 台。

4）焊接工具 1 套。

5）相关元器件 1 袋。

6）变压器 1 台。

7）晶体管特性图示仪 1 台。

（2）操作内容

1）检测电子元器件，判断是否合格。

2）按晶体管稳压电路图，在已经焊有部分元器件的印制电路板上完成安装及焊接。

3）安装后通电调试，并测量电路电压值。

4）用晶体管特性图示仪测量三极管的 β 值和 U_{CEO} 值。

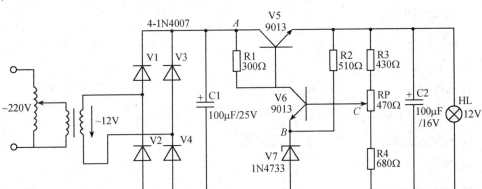

（3）操作要求

1）根据给定的印制电路板和仪器仪表，在规定时间内完成焊接、调试及测量工作。

2）调试过程中，一般故障自行解决。

3）焊接完成后，必须经考评员允许方可通电调试。

4）安全生产，文明操作。未经允许擅自通电，造成设备损坏者，该项目零分。

附电路元器件清单（表中带下划线的元器件名表示该元器件为本印制电路板上已焊接的元器件）：

序号	符号	名称	型号与规格	数量
1	V1、V2、V3、V4	二极管	1N4007	4
2	V5、V6	三极管	9013	2
3	V7	稳压管	1N4733（5.1 V）	1
4	RP	电位器	WH5、470 Ω	1
5	R1	电阻	RT、300 Ω、1/4 W	1
6	R2	电阻	RT、510 Ω、1/4 W	1
7	R3	电阻	RT、430 Ω、1/4 W	1
8	R4	电阻	RT、680 Ω、1/4 W	1
9	C1	电解电容	100 μF/25 V	1
10	C2	电解电容	100 μF/16 V	1
11	HL	灯	12 V	1

2. 答题卷

（1）元器件检测

1）三极管

①判管型：（　　　）。

    A. NPN 管　　　　　　　　B. PNP 管

②判管子的放大能力：（　　　）。

    A. 有放大能力　　　　　　B. 无放大能力

2）晶闸管

①判管脚：（　　　）。

    A. 1 号脚为阳极，2 号脚为阴极，3 号脚为门极

    B. 1 号脚为阴极，2 号脚为阳极，3 号脚为门极

    C. 1 号脚为门极，2 号脚为阴极，3 号脚为阳极

②判管子好坏：（　　　）。

    A. 好　　　　　　　　　　B. 坏

3）单结晶体管

①判管脚：（　　　）。

    A. 1 号脚为 E 极　　　B. 2 号脚为 E 极　　　C. 3 号脚为 E 极

②判管子好坏：（　　　）。

    A. 好　　　　　　　　　　B. 坏

（2）仪器和仪表使用

1）用晶体管特性图示仪测量三极管元器件

①当 $U_{CE} = 6$ V、$I_C = 10$ mA 时，测三极管 β 值：_____。

②当 $I_{CEO} = 0.2$ mA 时，测三极管 U_{CEO}：_____。

2）用数字式万用表实测电路电压

①当输出直流电压调到____ V 时，测 A 点电压：_____。

②当输出直流电压调到____ V 时，测 B 点电压：_____。

③当输出直流电压调到____ V 时，测 C 点电压：_____。

④当输入电压为 12 V 时，测输出电压的调节范围：＿＿＿＿＿＿＿。

⑤当输入电压变化（±10%）、输出负载不变时，测输出电压：＿＿＿＿＿＿＿。

3. 评分表

试题代码及名称			3.4.1　晶体管稳压电路装调	考核时间				60 min	
评价要素	配分（分）	等级	评分细则	评定等级					得分（分）
				A	B	C	D	E	
否决项			未经允许擅自通电，造成设备损坏者，该项目零分						
1　元器件检测	3	A	全对						
		B	错 1 个						
		C	错 2 个						
		D	错 3 个及以上						
		E	未答题						
2　按电路图焊接	5	A	焊接元器件正确，焊点齐全光洁、无毛刺和虚焊						
		B	焊接元器件有错，能自行修正，且无毛刺、无虚焊						
		C	—						
		D	焊接元器件经自行修正后还有错						
		E	未答题						
3　晶体管特性图示仪使用	2	A	使用晶体管特性图示仪测量三极管参数，测量结果正确						
		B	使用晶体管特性图示仪测量三极管参数，错 1 处						
		C	—						
		D	不会使用晶体管特性图示仪测量三极管参数						
		E	未答题						
4　通电调试	8	A	合理选择仪器仪表，正确使用电源，按电路原理有序调试						
		B	调试失败 1 次，结果正确						
		C	调试失败 2 次，结果正确						
		D	调试失败						
		E	未答题						

续表

试题代码及名称			3.4.1 晶体管稳压电路装调				考核时间		60 min	
评价要素	配分（分）	等级	评分细则	\<评定等级\>						得分（分）
				A	B	C	D	E		
5 测量有关数据	5	A	测量有关数据，完全正确							
		B	测量有关数据，错1处							
		C	测量有关数据，错2处							
		D	测量有关数据，错3处及以上							
		E	未答题							
6 安全文明生产，无事故发生	2	A	安全文明生产，符合操作规程							
		B	操作过程中损坏元器件1~2个							
		C	操作过程中损坏元器件3个及以上							
		D	不能安全文明生产，不符合操作规程							
		E	未答题							
合计配分	25		合计得分							

等级	A（优）	B（良）	C（及格）	D（较差）	E（差或未答题）
比值	1.0	0.8	0.6	0.2	0

"评价要素"得分=配分×等级比值。

六、可调式正负稳压电源电路装调（试题代码：3.4.2；考核时间：60 min）

1. 试题单

（1）操作条件

1）印制电路板1块。

2）万用表1个。

3）双踪示波器1台。

4）焊接工具1套。

5）相关元器件1袋。

6）变压器1台。

（2）操作内容

1）检测电子元器件，判断是否合格。

2）按可调式正负稳压电源电路图，在已经焊有部分元器件的印制电路板上完成安装及焊接。

3）安装后通电调试，用示波器实测并画出输出电压 u_{o1} 和 u_{o2} 的波形图，记录其调节范围，测量并画出外特性。

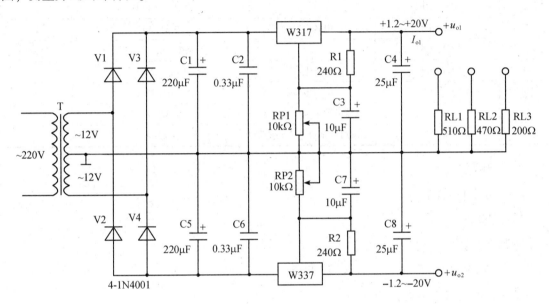

（3）操作要求

1）根据给定的印制电路板和仪器仪表，在规定时间内完成焊接、调试及测量工作。

2）调试过程中，一般故障自行解决。

3）焊接完成后，必须经考评员允许方可通电调试。

4）安全生产，文明操作。未经允许擅自通电，造成设备损坏者，该项目零分。

附电路元器件清单（表中带下划线的元器件名表示该元器件为本印制电路板上已焊接的元器件）：

序号	符号	名称	型号与规格	数量
1	V1、V2、V3、V4	二极管	1N4007	4
2	R1、R2	电阻	240 Ω、1/4 W	2

续表

序号	符号	名称	型号与规格	数量
3	RL1	电阻	510 Ω、1/2 W	1
4	RL2	电阻	470 Ω、1/2 W	1
5	RL3	电阻	200 Ω、1/2 W	1
6	RP1、RP2	电位器	WH5、10 kΩ	2
7	C1、C5	电解电容	220 μF/50 V	2
8	C2、C6	电容	CBB、0.33 μF	2
9	C3、C7	电解电容	10 μF/25 V	2
10	C4、C8	电解电容	25 μF/25 V	2
11	W317	三端可调试电压调整器	LM317	1
12	W337	三端可调试负电压调整器	LM337	1

2. 答题卷

（1）元器件检测

1）三极管

①判管型：（   ）。

   A. NPN 管   B. PNP 管

②判管子的放大能力：（   ）。

   A. 有放大能力   B. 无放大能力

2）晶闸管

①判管脚：（   ）。

   A. 1 号脚为阳极，2 号脚为阴极，3 号脚为门极

   B. 1 号脚为阴极，2 号脚为阳极，3 号脚为门极

   C. 1 号脚为门极，2 号脚为阴极，3 号脚为阳极

②判管子好坏：（   ）。

   A. 好   B. 坏

3）单结晶体管

①判管脚：（   ）。

A. 1 号脚为 E 极　　　　B. 2 号脚为 E 极　　　　C. 3 号脚为 E 极

②判管子好坏：（　　）。

A. 好　　　　　　　　　B. 坏

（2）仪器和仪表使用

1）关闭 RP1、RP2 电位器，用示波器观察并记录电压 u_{o1} 和 u_{o2} 的输出波形图，标出幅值。

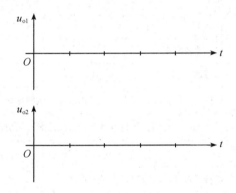

2）测量输出电压的调节范围

①调节 RP1：U_{o1} = ＿＿＿＿ ～ ＿＿＿＿。

②调节 RP2：U_{o2} = ＿＿＿＿ ～ ＿＿＿＿。

3）测量外特性，并画出外特性曲线

R_L （Ω）	∞ （空载）	510 Ω	470 Ω	200 Ω
I_{o1} （mA）				
U_{o1} （V）	5 V			

3. 评分表

试题代码及名称			3.4.2 可调式正负稳压电源电路装调							考核时间		60 min	
评价要素	配分（分）	等级	评分细则		评定等级								得分（分）	
				A	B	C	D	E					
否决项			未经允许擅自通电，造成设备损坏者，该项目零分										
1	元器件检测	3	A	全对									
			B	错1个									
			C	错2个									
			D	错3个及以上									
			E	未答题									
2	按电路图焊接	5	A	焊接元器件正确，焊点齐全光洁、无毛刺和虚焊									
			B	焊接元器件有错，能自行修正，且无毛刺、无虚焊									
			C	—									
			D	焊接元器件经自行修正后还有错									
			E	未答题									
3	示波器使用	2	A	能合理选择量程及正确使用探头实测波形									
			B	能选择量程及使用探头，实测波形错1处									
			C	能选择量程及使用探头，实测波形错2处									
			D	选择量程或使用探头有错，实测波形错3处及以上									
			E	未答题									
4	通电调试	8	A	合理选择仪器仪表，正确使用电源，按电路原理有序调试									
			B	调试失败1次，结果正确									
			C	调试失败2次，结果正确									
			D	调试失败									
			E	未答题									

试题代码及名称			3.4.2　可调式正负稳压电源电路	考核时间		60 min			
评价要素	配分 （分）	等级	评分细则	评定等级					得分 （分）
				A	B	C	D	E	
5　画波形图 或测量有关 数据	5	A	实测并绘制波形，或测量有关数据完全正确						
		B	实测并绘制波形，或测量有关数据错 1 处						
		C	实测并绘制波形，或测量有关数据错 2 处						
		D	实测并绘制波形，或测量有关数据错 3 处及以上						
		E	未答题						
6　安全文明 生产，无事 故发生	2	A	安全文明生产，符合操作规程						
		B	操作过程中损坏元器件 1~2 个						
		C	操作过程中损坏元器件 3 个及以上						
		D	不能安全文明生产，不符合操作规程						
		E	未答题						
合计配分	25		合计得分						

等级	A（优）	B（良）	C（及格）	D（较差）	E（差或未答题）
比值	1.0	0.8	0.6	0.2	0

"评价要素"得分 = 配分×等级比值。

七、78/79 系列正负稳压电源电路装调（试题代码：3.4.3；考核时间：60 min）

1. 试题单

（1）操作条件

1）印制电路板 1 块。

2）万用表 1 个。

3）双踪示波器 1 台。

4）焊接工具 1 套。

5）相关元器件 1 袋。

6）变压器 1 台。

（2）操作内容

1）检测电子元器件，判断是否合格。

2）按 78/79 系列正负稳压电源电路图，在已经焊有部分元器件的印制电路板上完成安装及焊接。

3）安装后通电调试，用示波器实测并画出输出电压 u_{o1} 和 u_{o2} 的波形图，测量并画出外特性。

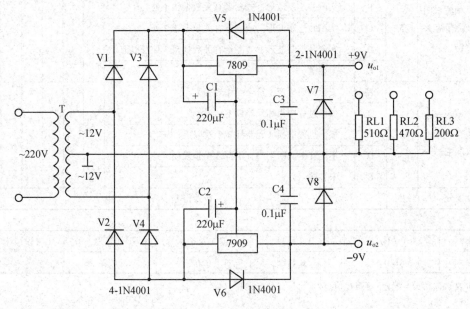

（3）操作要求

1）根据给定的印制电路板和仪器仪表，在规定时间内完成焊接、调试及测量工作。

2）调试过程中，一般故障自行解决。

3）焊接完成后，必须经考评员允许方可通电调试。

4）安全生产，文明操作。未经允许擅自通电，造成设备损坏者，该项目零分。

附电路元器件清单（表中带下划线的元器件名表示该元器件为本印制电路板上已焊接的元器件）：

序号	符号	名称	型号与规格	数量
1	<u>V1</u>、V2、V3、<u>V4</u>、V5~V8	二极管	1N4007	8
2	<u>RL1</u>	电阻	510 Ω、1/2 W	1

续表

序号	符号	名称	型号与规格	数量
3	RL2	电阻	470 Ω、1/2 W	1
4	RL3	电阻	200 Ω、1/2 W	1
5	C1、C2	电解电容	220 μF/25 V	2
6	C3、C4	电容	CBB、0.1 μF	2
7	7809	正电压电源	LM7809	1
8	7909	负电压电源	LM7909	1

2. 答题卷

（1）元器件检测

1）三极管

①判管型：（　　　）。

　A. NPN 管　　　　　　　B. PNP 管

②判管子的放大能力：（　　　）。

　A. 有放大能力　　　　　B. 无放大能力

2）晶闸管

①判管脚：（　　　）。

　A. 1 号脚为阳极，2 号脚为阴极，3 号脚为门极

　B. 1 号脚为阴极，2 号脚为阳极，3 号脚为门极

　C. 1 号脚为门极，2 号脚为阴极，3 号脚为阳极

②判管子好坏：（　　　）。

　A. 好　　　　　　　　　B. 坏

3）单结晶体管

①判管脚：（　　　）。

　A. 1 号脚为 E 极　　　　B. 2 号脚为 E 极　　　　C. 3 号脚为 E 极

②判管子好坏：（　　　）。

　A. 好　　　　　　　　　B. 坏

（2）仪器和仪表使用

1）用示波器观察并记录输出电压 u_{o1} 和 u_{o2} 的波形图，标出幅值。

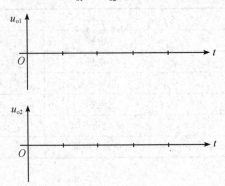

2）测量外特性，并画出外特性曲线。

R_L（Ω）	∞（空载）	510 Ω	470 Ω	200 Ω
I_{o1}（mA）				
U_{o1}（V）	5 V			

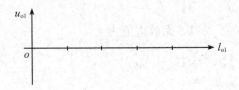

3. 评分表

同上题。

八、OTL 电路装调（试题代码：3.5.1；考核时间：60 min）

1. 试题单

（1）操作条件

1）印制电路板 1 块。

2）万用表 1 个。

3）函数发生器 1 台。

4）双踪示波器 1 台。

5）晶体管毫伏表 1 个。

6）直流稳压电源 1 台。

7）焊接工具 1 套。

8）相关元器件 1 袋。

（2）操作内容

1）检测电子元器件，判断是否合格。

2）按 OTL 电路图，在已经焊有部分元器件的印制电路板上完成安装及焊接。

3）安装后通电调试，测量最大输出功率，并画出波形图。

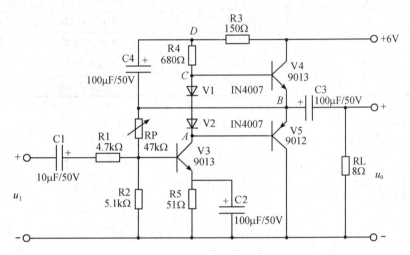

（3）操作要求

1）根据给定的印制电路板和仪器仪表，在规定时间内完成焊接、调试及测量工作。

2）调试过程中，一般故障自行解决。

3）焊接完成后，必须经考评员允许方可通电调试。

4）安全生产，文明操作。未经允许擅自通电，造成设备损坏者，该项目零分。

附电路元器件清单（表中带下划线的元器件名表示该元器件为本印制电路板上已焊接的元器件）：

序号	符号	名称	型号与规格	数量
1	V1、V2	二极管	1N4007	2
2	V3、V4	三极管 NPN	9013	2
3	V5	三极管 PNP	9012	1

续表

序号	符号	名称	型号与规格	数量
4	R1	电阻	4.7 kΩ、1/4 W	1
5	R2	电阻	5.1 kΩ、1/4 W	1
6	R3	电阻	150 Ω、1/4 W	1
7	R4	电阻	680 Ω、1/4 W	1
8	R5	电阻	51 Ω、1/4 W	1
9	RP	电位器	WH5、47 kΩ	1
10	RL	电阻	8 Ω、0.5 W	1
11	C1	电容	10 μF/50 V	1
12	C2、C3、C4	电容	100 μF/50 V	3

2. 答题卷

（1）元器件检测

1）三极管

①判管型：（　　）。

　A. NPN 管　　　　　　　B. PNP 管

②判管子的放大能力：（　　）。

　A. 有放大能力　　　　　B. 无放大能力

2）晶闸管

①判管脚：（　　）。

　A. 1 号脚为阳极，2 号脚为阴极，3 号脚为门极

　B. 1 号脚为阴极，2 号脚为阳极，3 号脚为门极

　C. 1 号脚为门极，2 号脚为阴极，3 号脚为阳极

②判管子好坏：（　　）。

　A. 好　　　　　　　　　B. 坏

3）单结晶体管

①判管脚：（　　）。

　A. 1 号脚为 E 极　　　　B. 2 号脚为 E 极　　　　C. 3 号脚为 E 极

②判管子好坏：（　　　）。

　A. 好　　　　　　　　　　B. 坏

（2）仪器和仪表使用

1）静态工作点的调整。调节 RP 电位器测量 B 点的直流电压，使 $U_B = \frac{1}{2}U_{CC}$。

2）测量最大的输出功率 P_{OM}。在放大器的输入端输入 1 kHz 的正弦信号，逐渐提高输入正弦电压的幅值，使输出达到最大值，但失真尽可能小，测量并读出此时输入和输出电压的效值。

U_i	U_o	R_L	$P_{OM} = \dfrac{U_o^2}{R_L}$

3）记录输出波形。

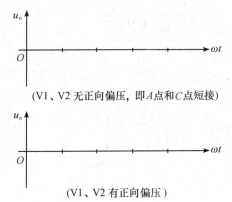

（V1、V2 无正向偏压，即 A 点和 C 点短接）

（V1、V2 有正向偏压）

3. 评分表

同上题。

九、集成功率放大电路装调（试题代码：3.5.2；考核时间：60 min）

1. 试题单

（1）操作条件

1）印制电路板 1 块。

2）万用表 1 个。

3）函数发生器 1 台。

4）双踪示波器 1 台。

5）晶体管毫伏表 1 个。

6）直流稳压电源 1 台。

7）焊接工具 1 套。

8）相关元器件 1 袋。

（2）操作内容

1）检测电子元器件，判断是否合格。

2）按集成功率放大电路图，在已经焊有部分元器件的印制电路板上完成安装及焊接。

3）安装后通电调试，测量最大输出功率，并画出波形图。

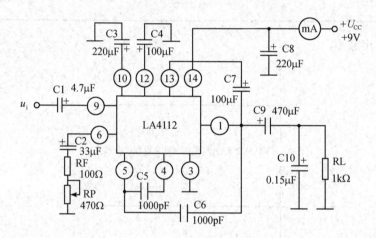

（3）操作要求

1）根据给定的印制电路板和仪器仪表，在规定时间内完成焊接、调试及测量工作。

2）调试过程中，一般故障自行解决。

3）焊接完成后，必须经考评员允许方可通电调试。

4）安全生产，文明操作。未经允许擅自通电，造成设备损坏者，该项目零分。

附电路元器件清单（表中带下划线的元器件名表示该元器件为本印制电路板上已焊接的元器件）：

序号	符号	名称	型号与规格	数量
1	C1	电解电容	4. 7 μF/25 V	1
2	C2	电解电容	33 μF/25 V	1
3	C3、C8	电解电容	220 μF/25 V	2
4	C4、C7	电解电容	100 μF/25 V	2
5	C5、C6	电容	1 000 pF	2
6	C9	电解电容	470 μF/25 V	1
7	C10	电解电容	0. 15 μF/25 V	1
8	RF	电阻	100 Ω、1/4 W	1
9	RP	电位器	WH5、470 Ω	1
10	RL	电阻	1 kΩ、1/4 W	1
11	U1	集成芯片	LA4112	1

2. 答题卷

（1）元器件检测

1）三极管

①判管型：（　　　）。

　A. NPN 管　　　　　　B. PNP 管

②判管子的放大能力：（　　）。

　A. 有放大能力　　　　B. 无放大能力

2）晶闸管

①判管脚：（　　　）。

　A. 1 号脚为阳极，2 号脚为阴极，3 号脚为门极

　B. 1 号脚为阴极，2 号脚为阳极，3 号脚为门极

　C. 1 号脚为门极，2 号脚为阴极，3 号脚为阳极

②判管子好坏：（　　　）。

　A. 好　　　　　　　　B. 坏

3）单结晶体管

①判管脚：（　　　）。

A. 1 号脚为 E 极　　　　B. 2 号脚为 E 极　　　　C. 3 号脚为 E 极

②判管子好坏：（　　）。

A. 好　　　　　　　　B. 坏

（2）仪器和仪表使用

1）静态调试：接通 9 V 直流电源，测量静态总电流及集成块各引脚对地电压，记录在下表中。

I	U_1	U_4	U_5	U_6	U_9	U_{10}	U_{12}	U_{13}	U_{14}

2）动态测试：将 RP 电位器关闭，输入端 u_i 输入 1 kHz 交流信号，用示波器观察输出电压 u_o 并画出波形。

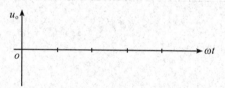

逐步增大输入信号的幅度，直至输出电压幅度最大而无明显失真时为止，调出最大不失真电压，用晶体管毫伏表分别测出这时：U_i = _____，U_o = _____。

3）调节电位器 RP 的阻值改变负反馈的深度，观察输出电压的波形有什么变化。

3. 评分表

同上题。

第5部分

理论知识考试模拟试卷及答案

电工（四级）理论知识试卷

注 意 事 项

1. 考试时间：90 min。

2. 请首先按要求在试卷的标封处填写您的姓名、准考证号和所在单位名称。

3. 请仔细阅读各种题目的答题要求，在规定的位置填写您的答案。

4. 不要在试卷上乱写乱画，不要在标封区填写无关的内容。

	一	二	总分
得分			

得分	
评分人	

一、判断题（第1题~第60题。将判断结果填入括号中。正确的填"√"，错误的填"×"。每题0.5分，满分30分）

1. 用电源、负载、开关和导线可以构成一个最简单的电路。 （   ）

2. 全电路是指包括内电路、外电路两部分的闭合电路整体。 （   ）

3. 电压的方向是由高电位指向低电位。 （   ）

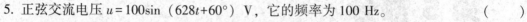

4. 在分析电路时，可先任意设定电压的参考方向，再根据计算所得值的正负来确定电压的实际方向。 （   ）

5. 正弦交流电压 $u=100\sin（628t+60°）$ V，它的频率为 100 Hz。 （   ）

6. 关于正弦交流电相量的叙述中，"幅角表示正弦量的相位"的说法不正确。 （   ）

7. 正弦量中用相量形式表示在计算时要求幅角相同。 （   ）

8. 如下图所示，正弦交流电的有效值为 14.1 mV。 （   ）

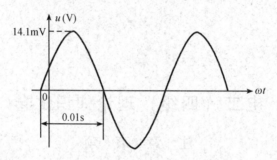

9. 当电路的状态或参数发生变化时，电路从原稳定状态立即进入新的稳定状态。 （   ）

10. 在过渡过程中，流过电感元件的电流不能突变。 （   ）

11. 高低压供电系统通常由高压电源进线、高压配电所、高压配电线、变电所、低压配电线等组成。 （   ）

12. 用电设备容量在 250 kW 及以下的供电系统通常采用低压供电，只需设置一个低压配电室。 （   ）

13. 380 V/220 V 配电系统中一般采取中性点经消弧线圈接地的运行方式。 （   ）

14. 低压配电系统中的中性线的功能是连接使用相电压的单相设备，传导三相系统中的不平衡电流和单相电流。 （   ）

15. 共发射极放大电路中三极管的集电极静态电流的大小与集电极电阻无关。 （   ）

16. 放大电路交流负载线的斜率仅取决于放大电路的集电极电阻。 （   ）

17. 微变等效电路中，直流电源与耦合电容都可以看成是短路的。 （   ）

18. 正弦波振荡电路是由放大电路、选频网络和正反馈电路组成的。 （   ）

19. RC 桥式振荡电路中同时存在正反馈与负反馈。 （   ）

20. 串联型稳压电源中，放大环节的作用是扩大输出电流的范围。 （   ）

21. 与门的逻辑功能为：全 1 出 0，有 0 出 1。 （　　）

22. 普通晶闸管中间 P 层的引出极是门极。 （　　）

23. 普通晶闸管额定电流的大小是以工频正弦半波电流的有效值来表示的。 （　　）

24. 使用直流单臂电桥测量一个估计为 100 Ω 的电阻时，比例臂应选×0.01。 （　　）

25. 测量 1 Ω 以下的小电阻宜采用直流双臂电桥。 （　　）

26. 变压器工作时，其一次、二次绕组电流比与一次、二次绕组匝数比成正比。（　　）

27. 当 $K>1$、$N_1>N_2$、$U_1>U_2$ 时，变压器为升压变压器。 （　　）

28. 变压器工作时，二次绕组磁动势对一次绕组磁动势来说起去磁作用。 （　　）

29. 变压器带感性负载运行时，二次侧端电压随负载电流增大而降低。 （　　）

30. 直流电机按磁场的励磁方式可分成他励式、并励式、串励式、单励式等。 （　　）

31. 直流电机转子由电枢铁芯、电枢绕组、换向器等组成。 （　　）

32. 直流电动机电枢绕组可分为叠绕组、波绕组和蛙形绕组。 （　　）

33. 直流电机既可作为电动机运行，又可作为发电机运行。 （　　）

34. 异步电动机的额定功率是指电动机在额定工作状态运行时的输入功率。 （　　）

35. 异步电动机的工作方式（定额）有连续、短时和断续三种。 （　　）

36. 三相异步电动机的转速取决于电源频率和极对数，与转差率无关。 （　　）

37. 三相异步电动机转子的转速越低，电动机的转差率越大，转子电动势频率越高。

（　　）

38. 若按励磁方式来分，直流测速发电机可分为永磁式和他励式两类。 （　　）

39. 在自动控制系统中，把输入的电信号转换成电动机轴上的角位移或角速度的装置称为测速电动机。 （　　）

40. 低压电器按在电气线路中的地位和作用可分为低压配电电器和低压开关电器两大类。 （　　）

41. 金属栅片灭弧是把电弧分成并接的短电弧。 （　　）

42. 在交流接触器中，当电器容量较小时，可采用双断口结构触头来熄灭电弧。 （　　）

43. 直流接触器一般采用磁吹式灭弧装置。 （　　）

44. Ｙ–△减压启动自动控制线路是按时间控制原则来控制的。 （　　）

45. 交流接触器具有欠电压保护作用。 （ ）

46. 异步电动机变频调速装置的功能是将电网的恒压恒频交流电变换为变压变频交流电，对交流电动机供电，实现交流无级调速。 （ ）

47. 变压变频调速系统中，调速时必须同时调节定子电源的电压和频率。 （ ）

48. 他励直流电动机的启动一般可采用电枢回路串电阻启动和减小电枢电压启动的方法。 （ ）

49. 励磁绕组反接法控制他励直流电动机正反转的原理是：保持电枢电流方向不变，改变励磁绕组电流方向。 （ ）

50. C6150 型车床进给箱操作手柄只有正转、停止、反转三个挡位。 （ ）

51. C6150 型车床电气控制电路电源电压为交流 220 V。 （ ）

52. 传感器是工业自动化的眼睛，是各种控制系统的重要组成部分。 （ ）

53. 传感器虽然品种繁多，但它们的最大特点是可以相互通用。 （ ）

54. PLC 技术、CAD/CAM 技术和工业机器人技术已成为加工工业自动化的三大支柱。 （ ）

55. 美国通用汽车公司于 1968 年提出用新型控制器代替传统继电接触控制系统的要求。 （ ）

56. 梯形图语言是符号语言，不是图形语言。 （ ）

57. 不同系列 PLC 的型号和配置不同，但指令系统是相同的。 （ ）

58. 可编程序控制器只能通过手持式编程器编制控制程序。 （ ）

59. 编程器的液晶显示屏在编程时能显示元器件的工作状态。 （ ）

60. 在 FX$_2$ 系列 PLC 中，当 RUN 端和 COM 端接通时，PLC 处于停止状态。 （ ）

得分	
评分人	

二、单项选择题（第 1 题~第 140 题。选择一个正确的答案，将相应的字母填入题内的括号中。每题 0.5 分，满分 70 分）

1. 在用基尔霍夫第一定律列节点电流方程式时，若解出的电流为负，则表示电流的实际方向（ ）。

A. 与假定电流正方向无关

B. 与假定电流正方向相反

C. 就是假定电流方向

D. 与假定电流正方向相同

2. 全电路欧姆定律是指在全电路中，电流与电源的电动势（ ），与整个电路的内、外电阻之和成反比。

A. 成正比   B. 成反比   C. 成累加关系   D. 无关

3. 基尔霍夫第一定律表明（ ）。

A. 流过任何处的电流为零

B. 流过任何一个节点的电流为零

C. 流过任何一个节点的瞬间电流的代数和为零

D. 流过任何一条回路的电流为零

4. 基尔霍夫电压定律的数字表达式为（ ）。

A. $\sum IR = 0$ B. $\sum E = 0$ C. $\sum IR = \sum E$ D. $\sum (IR+E) = 0$

5. 基尔霍夫电流定律的数字表达式为（ ）。

A. $I_入 + I_出 \leqslant -I_总$ B. $I_入 + I_出 = I_总$

C. $\sum I_入 = \sum I_出$ D. $\sum I_入 + I_出 = \sum I_总$

6. 在下图所示的节点 b 上，符合基尔霍夫第一定律的式子是（ ）。

A. $I_5 + I_6 - I_4 = 0$ B. $I_1 - I_2 - I_6 = 0$ C. $I_1 - I_2 + I_6 = 0$ D. $I_2 - I_3 + I_4 = 0$

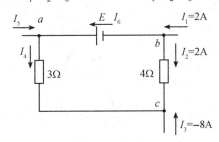

7. 在下图所示的直流电路中，已知 $E_1 = 15$ V，$E_2 = 70$ V，$E_3 = 5$ V，$R_1 = 6\ \Omega$，$R_2 = 5\ \Omega$，$R_3 = 10\ \Omega$，$R_4 = 2.5\ \Omega$，$R_5 = 15\ \Omega$，支路电流 I_5 为（ ）A。

A. 5   B. 2   C. 6   D. 8

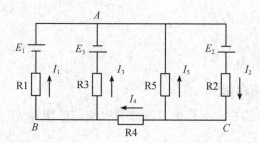

8. 应用戴维南定理分析含源二端网络时，可用（　　）代替二端网络。

    A. 等效电阻　　　　　B. 等效电源　　　　　C. 等效电路　　　　　D. 等效电动势

9. 戴维南定理最适用于求复杂电路中（　　）的电流。

    A. 某一条支路　　　　B. 某一个节点　　　　C. 某一条回路　　　　D. 两个节点之间

10. 含源二端网络短路电流为 4 A，开路电压为 10 V，则它的等效内阻为（　　）Ω。

    A. 10　　　　　　　　B. 4　　　　　　　　C. 2.5　　　　　　　D. 0.4

11. 电流源并联内阻为 2 Ω，当把它等效变换成 10 V 的电压源时，电流源的电流为（　　）A。

    A. 10　　　　　　　　B. 5　　　　　　　　C. 2　　　　　　　　D. 0.5

12. 电压源的电压为 20 V，串联内阻为 2 Ω，当把它等效变换成电流源时，电流源的电流为（　　）A。

    A. 5　　　　　　　　B. 10　　　　　　　C. 20　　　　　　　D. 2.5

13. 如下图所示，正弦交流电的角频率为（　　）rad/s。

    A. 2.5　　　　　　　B. 2　　　　　　　　C. 3.14　　　　　　D. 1.5

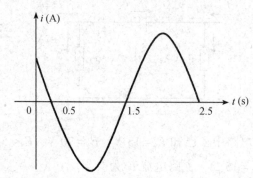

14. 如下图所示，正弦交流电的初相位为（　　）。

A. π/6   B. −π/6   C. 7π/6   D. π/3

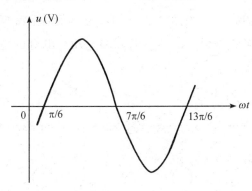

15. 两个阻抗 Z_1、Z_2 并联时的总阻抗为 （   ）

     A. Z_1+Z_2 B. $Z_1 \cdot Z_2$

     C. $Z_1 \cdot Z_2/（Z_1+Z_2）$ D. $1/Z_1+1/Z_2$

16. 串联谐振时，电路中 （   ）。

     A. 阻抗最大   B. 电压与电流同相位

     C. 电流最小   D. 电压的相位超前于电流

17. 并联谐振时，电路中 （   ）。

     A. 总阻抗最小   B. 电源电压与电路总电流同相位

     C. 总电流最大   D. 电源电压的相位超前于电流

18. 某元件两端的交流电压相位滞后于流过它的交流电流，则该元件为 （   ）。

     A. 感性负载   B. 容性负载   C. 阻性负载   D. 电动势负载

19. 在 RC 串联电路中，总电压与电流的相位差角与 （   ） 及电源频率有关。

     A. 电压、电流的大小   B. 电压、电流的相位

     C. 电压、电流的方向   D. 电路元件 R、C 的参数

20. RC 串联电路的总阻抗为 （   ）。

     A. $R+C$ B. $R+1/（\omega C）$ C. $R+j\omega C$ D. $R-j/（\omega C）$

21. RL 串联电路的总阻抗为 （   ）。

     A. $R+L$ B. $R+\omega L$ C. $R+j\omega L$ D. $R-j\omega L$

22. RL 串联电路中，电感元件两端电压与电流的相位关系为 （   ）。

A. 电压落后电流 φ 　　　　　　B. 电压超前电流 φ

C. 电压超前电流 90° 　　　　　　D. 电压落后电流 90°

23. 在下图中，各线圈的电阻、电感、电源端电压、电灯的电阻、交流电的频率均相同，最亮的电灯是（ 　　 ）。

A. a 灯 　　　　　　B. b 灯 　　　　　　C. c 灯 　　　　　　D. b 灯和 c 灯

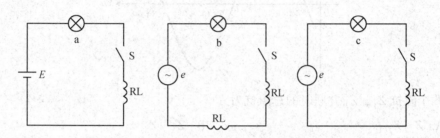

24. 两个阻抗并联电路总阻抗的模为（ 　　 ）。

A. ｜Z｜$=1/$｜Z_1｜$+1/$｜Z_2｜ 　　　　B. ｜Z｜$=$｜Z_1｜$+$｜Z_2｜

C. ｜Z｜$=$｜Z_1/Z_2｜ 　　　　D. $1/$｜Z｜$=$｜$1/Z_1+1/Z_2$｜

25. RLC 并联电路的谐振条件是（ 　　 ）。

A. $\omega L=\omega C$ 　　B. $\omega L=1/(\omega C)$ 　　C. $\omega L=\omega C=R$ 　　D. $XL-XC+R=0$

26. 对称三相负载三角形联结时，（ 　　 ）且三相电流相等。

A. 相电压等于线电压的 1.732 倍 　　　　B. 相电压等于线电压

C. 相电流等于线电流 　　　　D. 相电流等于线电流的 1.732 倍

27. 电路产生过渡过程的原因是（ 　　 ）。

A. 电路中存在储能元件 　　　　B. 电路中存在耗能元件

C. 电路发生变化 　　　　D. 电路存在储能元件，且电路发生变化

28. 在过渡过程中，电容（ 　　 ）。

A. 流过的电流不能突变 　　　　B. 两端电压不能突变

C. 容量不能突变 　　　　D. 容抗不能突变

29. 电容元件换路定律的应用条件是电容的（ 　　 ）。

A. 电流 i_C 有限 　　　　B. 电流 i_C 不变

C. 电压 u_C 有限 　　　　D. 电压 u_C 无限大

30. 电感元件换路定律的应用条件是电感的（　　　）。

    A. 电流 i_L 有限　　　　　　　　　　B. 电流 i_L 无限大

    C. 电压 u_L 有限　　　　　　　　　　D. 电压 u_L 不变

31. RL 电路过渡过程的时间常数 $\tau =$（　　　）。

    A. R/L　　　　　　B. L/R　　　　　　C. RL　　　　　　D. RLt

32. $\tau = L/R$ 是（　　　）电路过渡过程的时间常数。

    A. RL　　　　　　B. RC　　　　　　C. RLC 串联　　　　　　D. RLC 混联

33. 衡量供电系统质量的指标是（　　　）和频率的质量。

    A. 电压　　　　　B. 电流　　　　　C. 电压波形　　　　　D. 电压波动

34. 电力负荷按其对供电可靠性的要求，以及（　　　）的程度分为三级。

    A. 中断供电在政治上所造成损失或影响

    B. 中断供电在经济上所造成损失或影响

    C. 中断供电在政治、经济上所造成损失

    D. 中断供电在政治、经济上所造成损失或影响

35. 380 V/220 V 配电系统电源中性点直接接地的运行方式分为 TN-C 系统、TN-S 系统、TN-C-S 系统和（　　　）系统。

    A. IT　　　　　　B. TN　　　　　　C. TT　　　　　　D. TI

36. 三相五线制系统中的 PE 线称为（　　　）。

    A. 零线　　　　　B. 保护中性线　　　　　C. 公共 PE 线　　　　　D. 保护线

37. 分压式偏置放大电路中对静态工作点起稳定作用的元器件是（　　　）。

    A. 集电极电阻　　　B. 发射极电阻　　　C. 三极管　　　D. 基极分压电阻

38. （　　　）是共集电极放大电路的特点之一。

    A. 输入电阻大、输出电阻小　　　　　B. 输入电阻小、输出电阻大

    C. 输入和输出电阻都很小　　　　　　D. 输入和输出电阻都很大

39. 共基极放大电路的输出信号与输入信号的相位是（　　　）。

    A. 同相的　　　　B. 反相的　　　　C. 超前的　　　　D. 滞后的

40. 多级放大电路中，后级放大电路的输入电阻就是前级放大电路的（　　　）。

A. 输出电阻　　　　B. 信号源内阻　　　　C. 负载电阻　　　　D. 偏置电阻

41. 影响放大电路上限频率的因素主要是（　　）。

　　A. 三极管的结间电容　　　　　　　　B. 耦合电容

　　C. 旁路电容　　　　　　　　　　　　D. 电源的滤波电容

42. 采用直流负反馈的目的是（　　）。

　　A. 提高输入电阻　　　　　　　　　　B. 稳定静态工作点

　　C. 改善放大电路的性能　　　　　　　D. 提高放大倍数

43. 放大电路中，凡是并联反馈，其反馈量取自（　　）。

　　A. 输出电压　　　　　　　　　　　　B. 输出电流

　　C. 输出电压或输出电流都可以　　　　D. 输出电阻

44. 采用瞬时极性法判断反馈极性时，若反馈信号的极性为正即为（　　）。

　　A. 正反馈　　　　　　　　　　　　　B. 负反馈

　　C. 正反馈或负反馈都可能　　　　　　D. 正反馈或负反馈都不是

45. 电压串联负反馈可以（　　）。

　　A. 提高输入电阻与输出电阻　　　　　B. 减小输入电阻与输出电阻

　　C. 提高输入电阻，减小输出电阻　　　D. 减小输入电阻，提高输出电阻

46. 差动放大电路采用对称结构是为了抵消（　　）。

　　A. 两个三极管的零漂　　　　　　　　B. 两个三极管 β 放大倍数的不同

　　C. 电源电压的波动　　　　　　　　　D. 两个三极管静态工作点的不同

47. 把双端输出改为单端输出，差动放大电路的差模放大倍数（　　）。

　　A. 不确定　　　　B. 不变　　　　C. 增加一倍　　　　D. 减小一半

48. 运算放大器的输入级都采用（　　）。

　　A. 阻容耦合方式　　　　　　　　　　B. 乙类放大电路

　　C. 共基极电路　　　　　　　　　　　D. 差动放大电路

49. 下列运算放大器参数中，（　　）数值越大越好。

　　A. 输入电阻　　　　　　　　　　　　B. 输入失调电压

　　C. 输入偏置电流　　　　　　　　　　D. 输出电阻

50. 从交流通路来看，电感三点式振荡电路中电感的中心抽头应该与（　　）相连。

　　A. 发射极　　　　　B. 基极　　　　　　C. 集电极　　　　　D. 接地端

51. 从交流通路来看，电容三点式振荡电路中电容的中心抽头应该与（　　）相连。

　　A. 发射极　　　　　B. 基极　　　　　　C. 集电极　　　　　D. 接地端

52. 采用三端式集成稳压电路 7809 的稳压电源，其输出（　　）。

　　A. 只能是 +9 V 电压

　　B. 能通过外接电路扩大输出电压，但不能扩大输出电流

　　C. 能通过外接电路扩大输出电流，但不能扩大输出电压

　　D. 能通过外接电路扩大输出电流，也能扩大输出电压

53. 74 系列 TTL 集成门电路的电源电压（　　）。

　　A. 可以取 5 V

　　B. 可以取 18 V

　　C. 可以取 12 V

　　D. 需查手册，因为不同的门电路有不同的电压

54. 单相半波可控整流电路带电阻性负载，在 $\alpha = 60°$ 时的输出电流平均值为 10 A，则晶闸管电流的有效值（　　）。

　　A. 为 5 A　　　　　　　　　　B. 为 10 A

　　C. 为 15 A　　　　　　　　　　D. 需要查波形系数才能确定

55. 单相半波可控整流电路带大电感负载时，续流二极管上的电流（　　）。

　　A. 为零　　　　　　　　　　　B. 小于等于晶闸管上的电流

　　C. 等于晶闸管上的电流　　　　　D. 大于等于晶闸管上的电流

56. 单相全控桥式整流电路带大电感负载时，无论是否接续流二极管，电路（　　）。

　　A. 都可以正常工作　　　　　　　B. 输出电压的计算公式是相同的

　　C. 晶闸管的导通角始终是 180°　　D. 移相范围都是 90°

57. 单相全控桥式整流电路带大电感负载，在 $\alpha = 60°$ 时的输出电压平均值为 45 V，则整流变压器二次电压有效值为（　　）V。

　　A. 45　　　　　　　B. 60　　　　　　　C. 100　　　　　　　D. 90

58. 单相半控桥式整流电路带大电感负载时，无论是否接续流二极管，电路（　　）。

    A. 都可以正常工作　　　　　　　　　　B. 输出电压的计算公式是相同的

    C. 晶闸管的导通角始终是180°　　　　D. 移相范围都是90°

59. 单相半控桥式整流电路带电阻性负载时，交流输入电压为220 V，当$\alpha = 60°$时的输出直流电压平均值U_d为（　　）V。

    A. 110　　　　　　　B. 149　　　　　　　C. 148.5　　　　　　D. 147.5

60. 三相半波可控整流电路带大电感负载，无续流二极管，在$\alpha = 60°$时的输出电压为（　　）U_2。

    A. 0.34　　　　　　B. 0.45　　　　　　C. 0.58　　　　　　D. 0.68

61. 单结晶体管是一种特殊类型的二极管，它具有2个（　　）。

    A. 阳极　　　　　　B. 阴极　　　　　　C. 基极　　　　　　D. PN结

62. 使用通用示波器测量波形的峰—峰值时，应将Y轴微调旋钮置于（　　）。

    A. 校正位置　　　　B. 最大位置　　　　C. 任意位置　　　　D. 中间位置

63. 晶体管特性图示仪不能测量三极管的（　　）。

    A. 输入特性　　　　B. 反向电流　　　　C. 击穿电压　　　　D. 频率特性

64. 低频信号发生器输出信号的频率通常在（　　）范围内可调。

    A. 1～100 kHz　　　　　　　　　　　　B. 1 Hz～200 kHz（或1 MHz）

    C. 1 Hz～10 kHz　　　　　　　　　　　D. 100 Hz～100 kHz

65. 晶体管毫伏表的量程一般为（　　）。

    A. 0.01 mV～1 V　　　　　　　　　　　B. 1～300 mV

    C. 0.1 mV～300 V　　　　　　　　　　D. 0.1 mV～10 V

66. 变压器的空载试验可以测定变压器的变比、（　　）。

    A. 空载电流和空载损耗　　　　　　　　B. 铜耗

    C. 阻抗电压　　　　　　　　　　　　　D. 负载电流和负载损耗

67. 变压器的短载试验可以测定变压器的（　　）。

    A. 变压比和负载损耗　　　　　　　　　B. 铜耗和阻抗电压

    C. 阻抗电压　　　　　　　　　　　　　D. 短路电流和负载损耗

68. 油浸式三相电力变压器的主要附件有油箱、储油柜、干燥器、防爆管、温度计、绝缘套管、（　　　）等。

    A. 分接头开关和液体继电器　　　　　B. 气体继电器

    C. 分接头开关和气体继电器　　　　　D. 分接头开关

69. 三相变压器二次侧的额定电压是指变压器在（　　　）时，一次侧加上额定电压后，二次侧两端的电压值。

    A. 额定负载　　　　B. 空载　　　　C. 一定负载　　　　D. 任意负载

70. 变压器一次、二次绕组绕向相同，则（　　　）为同名端。

    A. 一次绕组始端和二次绕组始端

    B. 一次绕组始端和二次绕组尾端

    C. 一次绕组尾端和二次绕组始端

    D. 一次绕组始端和二次绕组任意端

71. 一台三相变压器的联结组标号为 Yd-11，表示变压器（　　　）。

    A. 一次、二次绕组均为星形联结

    B. 一次、二次绕组均为三角形联结

    C. 一次绕组为星形联结、二次绕组为三角形联结

    D. 一次绕组为三角形联结、二次绕组为星形联结

72. 三相变压器并联运行的条件是必须具有相同的联结组、电压比和（　　　）。

    A. 一次侧额定电流　　　　　B. 相电压

    C. 二次侧额定电流　　　　　D. 一次侧、二次侧额定电流

73. 在中小型电力变压器的定期检查维护时，若发现变压器箱顶油面温度与室温之差超过（　　　）℃，说明变压器过载或变压器内部已发生故障。

    A. 35　　　　B. 55　　　　C. 105　　　　D. 120

74. 电压互感器相当于（　　　）。

    A. 空载运行的降压变压器　　　　　B. 空载运行的升压变压器

    C. 满载运行的降压变压器　　　　　D. 满载运行的降压变压器

75. 电流互感器的运行情况与（　　　）相似。

A. 变压器的空载运行　　　　　　　B. 变压器的短路运行

C. 变压器的开路运行　　　　　　　D. 变压器的负载运行

76. 按国家标准，换向火花等级有 1 级、2 级、（　　）级等。

A. 0.5　　　　　　B. 2.5　　　　　　C. 3　　　　　　D. 4

77. 当磁通恒定时，直流电动机的电磁转矩和电枢电流成（　　）关系。

A. 正比　　　　　　B. 反比　　　　　　C. 平方　　　　　　D. 立方

78. 直流电动机的机械特性是指在稳定运行的情况下，电动机转速与（　　）之间的关系。

A. 电枢电压　　　　B. 励磁电压　　　　C. 磁场电压　　　　D. 电磁转矩

79. 直流电动机的启动方法一般可采用（　　）。

A. 星形、三角形启动　　　　　　　B. 全压启动

C. 励磁回路串电阻启动　　　　　　D. 晶闸管调压启动

80. 改变直流电动机转向有改变电枢电流、励磁电流方向等方法，由于（　　），一般都采用改变电枢电流方法改变直流电动机转向。

A. 励磁绕组匝数较多、电感较大、反向磁通建立过程长

B. 励磁绕组匝数较少、电感较大、反向磁通建立过程长

C. 电枢绕组匝数多、电感较大、反向磁通建立过程长

D. 电枢绕组匝数较少、电感较大、反向磁通建立过程长

81. 直流电动机的调速方法有电枢回路串联附加电阻调速、改变励磁电流调速和（　　）三种方法。

A. 励磁回路串并联附加电阻调速　　　B. 励磁回路并联附加电阻调速

C. 改变电枢电压调速　　　　　　　　D. 电枢回路并联附加电阻调速

82. 直流电动机的电气制动方式有能耗制动、反接制动和（　　）三种。

A. 独立制动　　　　　　　　　　　　B. 补偿器制动

C. 延边三角形制动　　　　　　　　　D. 回馈制动

83. 直流发电机的运行特性有外特性和（　　）。

A. 负载特性　　　　B. 电压特性　　　　C. 励磁特性　　　　D. 空载特性

84. 笼型异步电动机的最大电磁转矩对应的临界转差率与定子电压的大小（　　）。

　　A. 成正比　　　　　　B. 成反比　　　　　　C. 无关　　　　　　D. 成线性关系

85. 三相异步电动机启动运行时，要求（　　）。

　　A. 有足够大的启动转矩　　　　　　　　B. 有足够大的启动电流

　　C. 有足够长的启动时间　　　　　　　　D. 有足够高的启动电源电压

86. 一台三相笼型异步电动机是否全压启动要看电动机容量与（　　）的关系。

　　A. 供电变压器容量　　　　　　　　　　B. 供电开关设备容量

　　C. 接触器容量　　　　　　　　　　　　D. 熔断器容量

87. 某 4 极三相笼型异步电动机，额定功率为 10 kW，额定转速为 1 460 r/min，额定电压为 380 V，△联结，功率因数为 0.88，额定效率为 80%，$I_{ST}/I_N = 6.5$，电动机采用丫－△减压启动时的启动电流为（　　）A。

　　A. 21.6　　　　　　B. 37.3　　　　　　C. 50.4　　　　　　D. 46.8

88. 电动机采用自耦变压器减压启动，当启动电压是额定电压的 70% 时，电网供给的启动电流是额定电压下启动时启动电流的（　　）倍。

　　A. 0.34　　　　　　B. 0.49　　　　　　C. 0.7　　　　　　D. 1.42

89. 绕线转子异步电动机的启动方法有转子绕组串联电阻启动法和（　　）。

　　A. 减压启动法　　　　　　　　　　　　B. 丫/△启动法

　　C. 频敏电阻器启动法　　　　　　　　　D. 自耦变压器减压启动法

90. 异步电动机常用的调速方法有变频调速、变极调速和（　　）。

　　A. 变相调速　　　　　B. 变流调速　　　　　C. 变阻调速　　　　　D. 变转差率调速

91. 多速电动机通常采用改变定子绕组的接法来改变（　　），从而改变电动机的转速。

　　A. 极对数　　　　　　B. 输入电压　　　　　C. 输入电流　　　　　D. 输出功率

92. 异步电动机常用的电气制动方法有反接制动、能耗制动和（　　）。

　　A. 并接制动　　　　　B. 回馈制动　　　　　C. 抱闸制动　　　　　D. 串接制动

93. 单相异步电动机一般有电阻分相启动、电容分相启动和（　　）。

　　A. 单相启动　　　　　B. 单三相启动　　　　C. 多极启动　　　　　D. 罩极启动

94. 使用兆欧表测定绝缘电阻时，应使兆欧表转速达到（　　）r/min 以上。

A. 60   B. 120   C. 180   D. 500

95. 同步电机的转子磁极上装有励磁绕组，由（　　）励磁。

    A. 正弦交流电   B. 三相对称交流电

    C. 直流电   D. 脉冲电流

96. 在自动控制系统中，把脉冲信号转变成直线位移或角位移的电磁装置称为（　　）。

    A. 伺服电动机   B. 测速发电机   C. 交磁放大机   D. 步进电动机

97. 电磁调速异步电动机又称（　　）。

    A. 交流异步电动机   B. 测速发电机

    C. 步进电动机   D. 滑差电动机

98. 选用接触器时，一般可以不考虑的条件是（　　）。

    A. 接触器类型   B. 主触头的额定电压和电流

    C. 辅助触头的额定电压和电流   D. 吸引线圈的电压

99. 交流接触器检修时发现短路环损坏，该接触器（　　）使用。

    A. 能继续   B. 不能继续

    C. 在额定电流下可以   D. 不影响

100. 过电流继电器在正常工作时，线圈通过的电流在额定值范围内，（　　）。

    A. 衔铁吸合，常闭触点断开   B. 衔铁吸合，常开触点闭合

    C. 衔铁不吸合，常开触点断开   D. 衔铁不吸合，常开触点闭合

101. 电磁式电流继电器的动作值与释放值可通过（　　）来调整。

    A. 铁芯间隙   B. 反力弹簧   C. 压力弹簧   D. 超程弹簧

102. 过电压继电器在额定电压状态下工作时，（　　）。

    A. 衔铁吸合，常闭触点断开   B. 衔铁吸合，常开触点闭合

    C. 衔铁不吸合，常开触点断开   D. 衔铁不吸合，常开触点闭合

103. 对（　　）的电动机来说，不带断相保护的两相或三相热继电器也能起断相保护功能。

    A. 三角形联结   B. 星形联结

    C. 星形联结或三角形联结   D. 任一种联结

104. 熔断器的安秒特性曲线表示流过熔体的电流与（　　　）的关系。

　　A. 熔体的过载时间　　　　　　　　B. 熔体的熔断时间

　　C. 熔体的发热时间　　　　　　　　D. 熔断器的过载时间

105. 选择熔断器要点中，下列不正确的是（　　　）。

　　A. 在电路中上下两级的配合应有利于实现选择性保护

　　B. 熔断器的额定电压大于或等于线路的额定电压

　　C. 熔断器的额定电流大于或等于所装熔体的额定电流

　　D. 熔断器的分断能力等于电路中额定电流

106. 接触器联锁的正反转控制电路中，从正转到反转的操作过程是（　　　）。

　　A. 按下反转按钮

　　B. 先按下停止按钮，再按下反转按钮

　　C. 先按下正转按钮，再按下反转按钮

　　D. 先按下反转按钮，再按下正转按钮

107. 两台电动机 M1、M2 分别通过接触器 KM1、KM2 控制，为了达到电动机 M1 启动后电动机 M2 才能启动，可采用（　　　）的接法。

　　A. KM1、KM2 的主触点并联

　　B. KM1、KM2 的主触点同时接至电源

　　C. KM1 的主触点接在 KM2 的主触点下面

　　D. KM2 的主触点接在 KM1 的主触点下面

108. 三相笼型异步电动机减压启动可采用定子绕组串电阻减压启动、丫/△减压启动或（　　　）的方法。

　　A. 定子绕组串电容减压启动　　　　B. 自耦变压器减压启动

　　C. 延边星形减压启动　　　　　　　D. 转子绕组串电阻减压启动

109. 交流电动机电气制动的常用方法有反接制动、能耗制动、再生发电制动和（　　　）。

　　A. 直接制动　　　B. 电容制动　　　C. 液压制动　　　D. 抱闸制动

110. 绕线转子异步电动机的启动方法有频敏电阻启动法和（　　　）。

A. 减压启动法   B. Ｙ/△启动法

C. 转子绕组串联电阻启动法   D. 自耦变压器减压启动法

111. 绕线转子异步电动机转子绕组串联频敏变阻器启动，当启动电流过大、启动太快时，应（   ）。

  A. 换接抽头，使频敏变阻器匝数增加

  B. 换接抽头，使频敏变阻器匝数减少

  C. 增加频敏变阻器气隙

  D. 减小频敏变阻器电阻值

112. 变频器在安装接线时，尤其要注意的是（   ）。

  A. 交流电源进线绝对不能接到变频器输出端

  B. 交流电源进线可以接到变频器输出端

  C. 交流电源进线应按正确相序接线

  D. 交流电源进线可不按正确相序接线

113. 异步电动机软启动器主要用于（   ）。

  A. 异步电动机调速控制   B. 异步电动机调压调速控制

  C. 异步电动机变频调速控制   D. 异步电动机启动控制

114. 他励直流电动机进行电枢反接制动时，其电枢中应串入适当的限流电阻，否则电枢反接制动电流将达到近（   ）倍的直接启动电流值，导致电动机损伤。

  A. 1   B. 2   C. 3   D. 4

115. 串励电动机的反转宜采用励磁绕组反接法，因为串励电动机的电枢两端电压很高，励磁绕组两端的（   ），反接法应用较容易。

  A. 电压很低   B. 电流很小   C. 电压很高   D. 电流很大

116. Z3040 摇臂钻床采用多台电动机驱动，通常设有主轴电动机、液压泵电动机、冷却泵电动机、（   ）电动机等。

  A. 旋转   B. 砂轮   C. 通风   D. 摇臂升降

117. Z3040 摇臂钻床主轴电动机的电气控制电路采用（   ）进行电动机过载保护。

  A. 熔断器   B. 过电流继电器

C. 热继电器　　　　　　　　　　　D. 接触器

118. M7130 平面磨床为了保证加工精度，其运动平稳，确保工作台往复运动时惯性小、无冲击，采用（　　）实现工作台往复运动及砂轮箱横向进给。

    A. 气动传动　　　B. 液压传动　　　C. 机械传动　　　D. 电气传动

119. M7130 平面磨床的砂轮电动机的电气控制电路采用（　　）进行电动机过载保护。

    A. 熔断器　　　　　　　　　　　　B. 过电流继电器

    C. 热继电器　　　　　　　　　　　D. 接触器

120. 磁性式接近开关是根据（　　）原理工作的。

    A. 光电感应　　　B. 磁场　　　　　C. 电场　　　　　D. 外力作用

121. 按接近开关的工作原理，接近开关包括（　　）式和电感式传感器。

    A. 光栅　　　　　B. 热电偶　　　　C. 压力表　　　　D. 电容

122. （　　）不是可编程序控制器的主要特点。

    A. 可靠性高　　　　　　　　　　　B. 指令符通用

    C. 抗干扰能力强　　　　　　　　　D. 编程简单

123. 可编程序控制器的输入端可与（　　）直接连接。

    A. 扩展口　　　　B. 编程口　　　　C. 按钮　　　　　D. 电源

124. 可编程序控制器的控制速度取决于（　　）速度和扫描周期。

    A. I/O　　　　　B. C　　　　　　C. T　　　　　　D. CPU

125. 可编程序控制器是采用（　　）来达到控制功能的。

    A. 改变硬件接线　　　　　　　　　B. 改变硬件元器件

    C. 改变机型　　　　　　　　　　　D. 软件编程

126. 梯形图中的（　　）表示输入继电器。

    A. X000　　　　　B. Y000　　　　　C. T000　　　　　D. D0

127. 可编程序控制器控制系统的输入主要是指收集并保存被控对象实际运行的数据和（　　）。

    A. 状态　　　　　B. 信息　　　　　C. 操作　　　　　D. 反映

128. （　　）不是可编程序控制器中软继电器的特点。

A. 体积小　　　　B. 速度快　　　　C. 触点多　　　　D. 能接收外部信号

129. 光电耦合器由（　　）构成。

A. 发光二极管和三极管　　　　　　　B. 发光二极管和光敏三极管

C. 发光二极管和光敏二极管　　　　　D. 二极管和光敏三极管

130. 在 PLC 梯形图中，同一编号的线圈在一个程序中使用两次称为双线圈输出，双线圈输出（　　）引起误操作。

A. 不会　　　　B. 会　　　　C. 不大可能　　　　D. 随机

131. 在 PLC 梯形图中，两个或两个以上的线圈（　　）输出。

A. 可以并联　　　　B. 可以串联　　　　C. 可以串并联　　　　D. 不可以

132. 有几个并联回路相串联时，应将并联回路多的放在梯形图的（　　），可以节省指令表语言的条数。

A. 左方　　　　B. 右方　　　　C. 上方　　　　D. 下方

133. PLC 的输入口是指（　　）。

A. 装在输入模块内的微型继电器

B. 实际的输入继电器

C. 从输入端口到内部电子线路的总称

D. 模块内部输入的中间继电器线路

134. （　　）输出 PLC 的输出信号，用来控制外部负载。

A. 输入继电器　　　B. 输出继电器　　　C. 辅助继电器　　　D. 计数器

135. FX_{2N} 系列 PLC 中辅助继电器 M 的特点是（　　）。

A. 只能用程序指令驱动　　　　　　　B. 不能用程序指令驱动

C. 只能用外部信号驱动　　　　　　　D. 触点能直接驱动外部负载

136. 当电源掉电时，计数器（　　）。

A. 复位　　　　　　　　　　　　　　B. 不复位

C. 当前值保持不变　　　　　　　　　D. 开始计数

137. 可编程序控制器的编程语言是（　　）。

A. VB 语言　　　B. 指令语句表　　　C. C 语言　　　D. 汇编语言

138. 在机房内通过（　　）设备对 PLC 进行编程和参数修改。

    A. 个人计算机

    B. 单片机开发系统

    C. 手持编程器或带有编程软件的个人计算机

    D. 无法修改和编程

139. 输入/输出点数的多少是衡量 PLC（　　）的重要指标。

    A. 规模大小　　　B. 功率大小　　　　C. 质量优劣　　　　D. 体积大小

140. PLC 的输出在同一公共点内（　　）驱动不同电压等级的负载。

    A. 不可以　　　　B. 可以　　　　　C. 任意　　　　　D. 必须

电工（四级）理论知识试卷答案

一、判断题（第 1 题~第 60 题。将判断结果填入括号中。正确的填"√"，错误的填"×"。每题 0.5 分，满分 30 分）

1. √　　2. √　　3. √　　4. √　　5. √　　6. √　　7. ×　　8. ×　　9. ×

10. √　11. √　12. √　13. ×　14. ×　15. √　16. ×　17. √　18. √

19. √　20. ×　21. ×　22. √　23. ×　24. ×　25. √　26. ×　27. ×

28. √　29. √　30. ×　31. √　32. √　33. √　34. ×　35. √　36. ×

37. √　38. √　39. √　40. ×　41. √　42. √　43. √　44. √　45. √

46. √　47. √　48. √　49. √　50. √　51. √　52. √　53. ×　54. √

55. √　56. ×　57. ×　58. ×　59. ×　60. ×

二、单项选择题（第 1 题~第 140 题。选择一个正确的答案，将相应的字母填入题内的括号中。每题 0.5 分，满分 70 分）

1. B　　2. A　　3. C　　4. C　　5. C　　6. B　　7. B　　8. B　　9. A

10. C　11. B　12. B　13. B　14. B　15. B　16. B　17. B　18. B

19. D　20. D　21. C　22. C　23. A　24. D　25. B　26. B　27. D

28. B　29. A　30. C　31. B　32. A　33. A　34. D　35. C　36. D

37. B　38. A　39. A　40. C　41. A　42. B　43. C　44. C　45. C

46. A　47. D　48. D　49. A　50. B　51. B　52. B　53. A　54. D

55. D　56. B　57. C　58. B　59. C　60. C　61. B　62. A　63. D

64. B　65. C　66. A　67. B　68. C　69. B　70. A　71. C　72. B

73. B　74. A　75. B　76. C　77. A　78. D　79. D　80. A　81. C

82. D　83. D　84. C　85. A　86. A　87. D　88. B　89. C　90. D

91. A　92. B　93. C　94. B　95. C　96. C　97. D　98. A　99. C

100. C　101. B　102. C　103. B　104. B　105. D　106. B　107. D　108. B

109. B　110. C　111. A　112. A　113. D　114. B　115. A　116. D　117. C

118. B　119. C　120. B　121. D　122. B　123. C　124. D　125. D　126. A

127. B　128. D　129. B　130. B　131. A　132. A　133. C　134. B　135. A

136. C　137. B　138. C　139. A　140. A

第6部分

操作技能考核模拟试卷

注 意 事 项

1. 考生根据操作技能考核通知单中所列的试题做好考核准备。

2. 请考生仔细阅读试题单中的具体考核内容和要求，并按要求完成操作、笔答或口答。若有笔答，请考生在答题卷上完成。

3. 操作技能考核时，要遵守考场纪律，服从考场管理人员指挥，以保证考核安全顺利进行。

注：操作技能鉴定试题评分表是考评员对考生考核过程及考核结果的评分记录表，也是评分依据。

国家职业资格鉴定

电工（四级）操作技能考核通知单

姓名：

准考证号：

考核日期：

试题 1

试题代码：1.1.2。

试题名称：安装和调试双速电动机自动控制线路。

考核时间：60 min。

配分：25 分。

试题 2

试题代码：1.2.6。

试题名称：用 PLC 实现传输带电动机自动控制。

考核时间：60 min。

配分：25 分。

试题 3

试题代码：2.1.3。

试题名称：Z3040 摇臂钻床电气控制线路故障检查、分析及排除。

考核时间：30 min。

配分：25 分。

试题 4

试题代码：3.3.2。

试题名称：晶闸管调光电路装调。

考核时间：60 min。

配分：25 分。

电工（四级）操作技能鉴定

试 题 单

试题代码：1.1.2。

试题名称：安装和调试双速电动机自动控制线路。

考核时间：60 min。

1. 操作条件

（1）电气控制电路鉴定板。

（2）双速电动机。

（3）连接导线、电工常用工具、万用表。

2. 操作内容

双速电动机自动控制线路如下图所示。

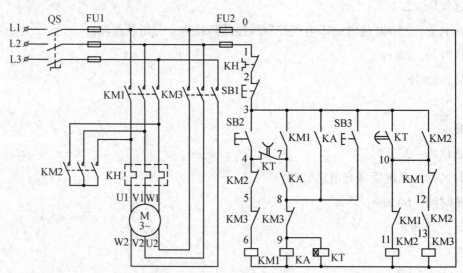

（1）按双速电动机自动控制线路在电气控制电路鉴定板上接线。

（2）完成接线后进行通电调试与运行，达到控制要求。

（3）电气控制线路及故障现象分析（抽选 1 个）。

1）如果按下 SB3 按钮，电动机出现只能低速运转不能高速运转的现象，试分析产生该故障的接线方面的可能原因。

2）电路中 KM1、KM2、KM3 的常闭触点各起什么作用？KM2 的常开触点起什么作用？

3）电路中接触器 KM1、KM2、KM3 起什么作用？时间继电器 KT 起什么作用？

4）电路中如何实现电动机的高速运转？

3. 操作要求

（1）根据给定的设备、仪器和仪表，完成接线、调试与运行，达到规定的要求。

（2）板面导线必须经线槽敷设，线槽外导线必须平直，各节点必须紧密，接电源、电动机、按钮等的导线必须通过接线柱引出。

（3）装接完毕，经考评员允许方可通电调试与运行，如遇故障自行排除。

（4）安全生产，文明操作。未经允许擅自通电，造成设备损坏者，该项目零分。

电工（四级）操作技能鉴定

答 题 卷

考生姓名：　　　　　　　　准考证号：

试题代码：1.1.2。

试题名称：安装和调试双速电动机自动控制线路。

考核时间：60 min。

电气控制线路及故障现象分析（抽选 1 个）。

1. 如果按下 SB3 按钮，电动机出现只能低速运转不能高速运转的现象，试分析产生该故障的接线方面的可能原因。

2. 电路中 KM1、KM2、KM3 的常闭触点各起什么作用？KM2 的常开触点起什么作用？

3. 电路中接触器 KM1、KM2、KM3 起什么作用？时间继电器 KT 起什么作用？

4. 电路中如何实现电动机的高速运转？

电工（四级）操作技能鉴定

试题评分表

考生姓名：　　　　　　　　　准考证号：

试题代码及名称			1.1.2　安装和调试双速电动机自动控制线路		考核时间		60 min		
评价要素		配分（分）	等级	评分细则	评定等级				得分（分）
					A	B	C	D	E
否决项			未经允许擅自通电，造成设备损坏者，该项目零分						
1	根据电路图接线与安装	9	A	接线完全正确，接线安装规范					
			B	接线安装错 1 次					
			C	接线安装错 2 次					
			D	接线安装错 3 次及以上，或接线没有按规范入线槽					
			E	未答题					
2	通电调试与运行	9	A	通电调试结果完全正确					
			B	通电调试失败 1 次，结果正确					
			C	通电调试失败 2 次，结果正确					
			D	通电调试失败					
			E	未答题					
3	电气控制线路及故障现象分析	5	A	回答完整，内容正确					
			B	回答不够完整					
			C	—					
			D	回答不正确					
			E	未答题					
4	安全文明生产，无事故发生	2	A	安全文明生产，符合操作规程					
			B	安全文明生产，符合操作规程，但未穿电工鞋					
			C	—					
			D	未经允许擅自通电，但未造成设备损坏或在操作过程中烧断熔断器					
			E	未答题					
合计配分		25		合计得分					

考评员（签名）：

等级	A（优）	B（良）	C（及格）	D（较差）	E（差或未答题）
比值	1.0	0.8	0.6	0.2	0

"评价要素"得分=配分×等级比值。

电工（四级）操作技能鉴定

试　题　单

试题代码：1.2.6。

试题名称：用 PLC 实现传输带电动机自动控制。

考核时间：60 min。

1. 操作条件

（1）鉴定装置 1 台（已配置 FX_{2N}-48MR 或以上规格的 PLC，以及主令电器、指示灯、传感器或传感器信号模拟发生器等）。

（2）计算机 1 台（已装有鉴定软件和三菱 SWOPC-FXGP/WIN-C 编程软件）。

（3）鉴定装置专用连接导线若干根。

2. 操作内容

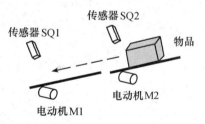

某车间运料传输带分为两段，由两台电动机分别驱动。按下启动按钮 SB1，电动机 M2 开始运行并保持连续工作，被运送的物品前进；物品被传感器 SQ2 检测到，启动电动机 M1 运载物品前进；物品被传感器 SQ1 检测到，延时 X s，停止电动机 M1。上述过程不断进行，直到按下停止按钮 SB2，传送电动机 M2 立刻停止。

各元器件说明和输入、输出端口配置表由鉴定软件自动生成。

（1）在鉴定装置上接线。

（2）根据控制工艺要求设计 PLC 梯形图或语句表。

（3）程序输入和系统调试。

3. 操作要求

（1）根据控制工艺要求设计 PLC 梯形图或语句表。

（2）按输入、输出端口配置表接线。

（3）用基本指令编制程序，进行程序输入并完成系统调试。

（4）未经允许擅自通电，造成设备损坏者，该项目零分。

电工（四级）操作技能鉴定

答　题　卷

考生姓名：　　　　　　　　准考证号：

试题代码：1.2.6。

试题名称：用 PLC 实现传输带电动机自动控制。

考核时间：60 min。

按考核要求写出梯形图或语句表（按基本指令编程）。

电工（四级）操作技能鉴定

试题评分表

考生姓名：　　　　　　　　准考证号：

试题代码及名称			1.2.6　用 PLC 实现传输带电动机自动控制	考核时间				60 min	
评价要素	配分（分）	等级	评分细则	评定等级					得分（分）
				A	B	C	D	E	
否决项			未经允许擅自通电，造成设备损坏者，该项目零分						
1　接线	4	A	接线完全正确						
		B	接线有 1 根错						
		C	接线有 2 根错						
		D	接线有 3 根以上错						
		E	未答题						
2　梯形图设计或语句表编写	10	A	梯形图或语句表正确表达控制要求						
		B	梯形图或语句表错 1~2 点						
		C	梯形图或语句表错 3~5 点						
		D	梯形图或语句表错 6 点及以上						
		E	未答题						
3　用编程器或计算机软件输入程序	3	A	程序输入步骤正确，程序正确						
		B	输入程序错 1 次，能修改，程序基本正确						
		C	输入程序错 2 次，能修改，程序基本正确						
		D	程序输入错，不会修改						
		E	未答题						
4　模拟调试	6	A	调试步骤正确，能达到控制要求						
		B	系统运行失败或未达到控制要求 1 次，结果正确						
		C	系统运行失败或未达到控制要求 2 次，结果正确						
		D	通电调试失败						
		E	未答题						

续表

试题代码及名称			1.2.6　用 PLC 实现传输带电动机自动控制		考核时间			60 min	
评价要素	配分（分）	等级	评分细则	评定等级					得分（分）
				A	B	C	D	E	
5　安全文明生产，无事故发生	2	A	安全文明生产，符合操作规程						
		B	未经允许擅自通电接线						
		C	—						
		D	未经允许擅自通电，但未造成设备损坏						
		E	未经允许擅自通电，造成设备损坏者该项目零分						
合计配分	25		合计得分						

考评员（签名）：

等级	A（优）	B（良）	C（及格）	D（较差）	E（差或未答题）
比值	1.0	0.8	0.6	0.2	0

"评价要素"得分=配分×等级比值。

电工（四级）操作技能鉴定

试　题　单

试题代码：2.1.3。

试题名称：Z3040 摇臂钻床电气控制线路故障检查、分析及排除。

考核时间：30 min。

1. 操作条件

（1）Z3040 摇臂钻床电气控制电路故障模拟鉴定装置。

（2）Z3040 摇臂钻床电气控制线路图。

（3）电工常用工具、万用表。

2. 操作内容

根据给定的 Z3040 摇臂钻床电气控制电路故障模拟鉴定装置和 Z3040 摇臂钻床电气控制线路图，用万用表等工具进行检查，对故障现象和原因进行分析，找出实际故障点。

3. 操作要求

（1）根据给定的设备、仪器和仪表，完成故障检查、分析及排除工作。

（2）接通电源，自行根据工作现象判断故障，并将故障内容填入答题卷中。

（3）根据故障现象，做简要分析，并填写答题卷。

（4）用万用表等工具进行检查，寻找故障点，将实际故障点填入答题卷中。

（5）安全生产，文明操作。未经允许擅自通电，造成设备损坏者，该项目零分。

电工（四级）操作技能鉴定

答　题　卷

考生姓名：　　　　　　准考证号：

试题代码：2.1.3。

试题名称：Z3040 摇臂钻床电气控制线路故障检查、分析及排除。

考核时间：30 min。

1. 第一个故障

故障现象：

分析可能的故障原因：

写出实际故障点：

2. 第二个故障

故障现象：

分析可能的故障原因：

写出实际故障点：

电工（四级）操作技能鉴定

试题评分表

考生姓名：　　　　　　　　准考证号：

试题代码及名称			2.1.3　Z3040 摇臂钻床电气控制线路故障检查、分析及排除	考核时间				30 min	
评价要素	配分（分）	等级	评分细则	评定等级					得分（分）
				A	B	C	D	E	
否决项			未经允许擅自通电，造成设备损坏者，该项目零分						
1　根据考件中的设定故障，以书面形式写出故障现象	5	A	通电检查，2 个故障现象判别完全正确						
		B	通电检查，2 个故障现象判别基本正确						
		C	通电检查，1 个故障现象判别正确，另 1 个故障现象判别不正确						
		D	通电检查，2 个故障现象均判别错误						
		E	未答题						
2　根据考件中的故障现象，对故障原因以书面形式做简要分析	8	A	2 个故障原因分析完全正确						
		B	2 个故障原因分析基本正确						
		C	1 个故障原因分析完全正确，另 1 个故障原因分析错误						
		D	2 个故障原因分析均有错误						
		E	未答题						
3　排除故障，写出实际故障点	10	A	2 个故障排除完全正确						
		B	1 个故障排除正确，另 1 个故障排除不正确						
		C	经返工后能排除 1 个故障						
		D	2 个故障均未能排除						
		E	未答题						

续表

试题代码及名称			2.1.3　Z3040 摇臂钻床电气控制线路故障检查、分析及排除		考核时间				30 min
评价要素	配分（分）	等级	评分细则	评定等级					得分（分）
				A	B	C	D	E	
4　安全文明生产，无事故发生	2	A	安全文明生产，符合操作规程						
		B	安全文明生产，符合操作规程，但未穿电工鞋						
		C	—						
		D	未经允许擅自通电，但未造成设备损坏或在操作过程中烧断熔断器						
		E	未答题						
合计配分	25		合计得分						

考评员（签名）：

等级	A（优）	B（良）	C（及格）	D（较差）	E（差或未答题）
比值	1.0	0.8	0.6	0.2	0

"评价要素"得分＝配分×等级比值。

电工（四级）操作技能鉴定

试 题 单

试题代码：3.3.2。

试题名称：晶闸管调光电路装调。

考核时间：60 min。

1. 操作条件

（1）印制电路板 1 块。

（2）万用表 1 个。

（3）双踪示波器 1 台。

（4）焊接工具 1 套。

（5）相关元器件 1 袋。

（6）信号发生器 1 台。

2. 操作内容

（1）检测电子元器件，判断是否合格。

（2）按晶闸管调光电路图，在已经焊有部分元器件的印制电路板上完成安装及焊接。

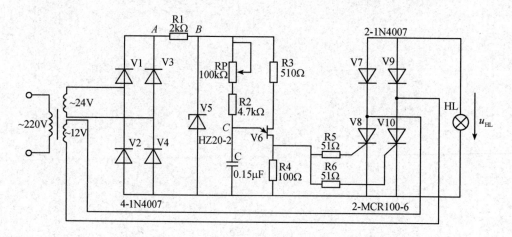

（3）安装后通电调试，用示波器实测并画出波形图。

3. 操作要求

（1）根据给定的印制电路板和仪器仪表，在规定时间内完成焊接、调试及测量工作。

（2）调试过程中，一般故障自行解决。

（3）焊接完成后，必须经考评员允许方可通电调试。

（4）安全生产，文明操作。未经允许擅自通电，造成设备损坏者，该项目零分。

附电路元器件清单（表中带下划线的元器件名表示该元器件为本印制电路板上已焊接的元器件）：

序号	符号	名称	型号与规格	数量
1	V1、V2、V3、V4、V7、V8	二极管	1N4007	6
2	V5	稳压管	1N4740（10 V）	1
3	V6	单结晶体管	BT33A	1
4	V9、V10	晶闸管	MCR100-6	2
5	R1	电阻	RT、2 kΩ、1/4 W	1
6	R2	电阻	RT、4.7 kΩ、1/4 W	1
7	R3	电阻	RT、510 Ω、1/4 W	1
8	R4	电阻	RT、100 Ω、1/4 W	1
9	R5、R6	电阻	RT、51 Ω、1/4 W	2
10	RP	电位器	WH5、100 kΩ	1
11	C	电容	CBB、0.15 μF	1
12	HL	灯泡	12 V	1

电工（四级）操作技能鉴定

答　题　卷

考生姓名：　　　　　　　准考证号：

试题代码：3.3.2。

试题名称：晶闸管调光电路装调。

考核时间：60 min。

1. 元器件检测

（1）三极管

1）判管型：（　　　）。

　　A. NPN 管　　　　　　　B. PNP 管

2）判管子的放大能力：（　　　）。

　　A. 有放大能力　　　　　B. 无放大能力

（2）晶闸管

1）判管脚：（　　　）。

　　A. 1 号脚为阳极，2 号脚为阴极，3 号脚为门极

　　B. 1 号脚为阴极，2 号脚为阳极，3 号脚为门极

　　C. 1 号脚为门极，2 号脚为阴极，3 号脚为阳极

2）判管子好坏：（　　　）。

　　A. 好　　　　　　　　　B. 坏

（3）单结晶体管

1）判管脚：（　　　）。

　　A. 1 号脚为 E 极　　　B. 2 号脚为 E 极　　　C. 3 号脚为 E 极

2）判管子好坏：（　　　）。

　　A. 好　　　　　　　　　B. 坏

2. 仪器和仪表使用（用示波器实测并画出闸管调光电路各点波形图）

（1）桥式整流后脉动电压波形

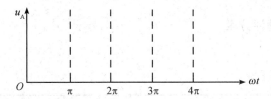

（2）同步电压波形

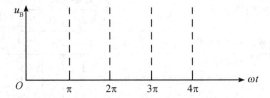

（3）电容电压波形

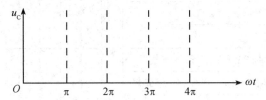

（4）输出电压波形 $\alpha =$ ＿＿＿　（由考评员选定 30°、60°、90°、120°）

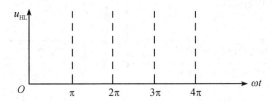

电工（四级）操作技能鉴定

试题评分表

考生姓名：　　　　　　　　准考证号：

试题代码及名称			3.3.2　晶闸管调光电路装调	考核时间		60 min		
评价要素	配分（分）	等级	评分细则	评定等级				得分（分）
				A	B	C	D	E
否决项			未经允许擅自通电，造成设备损坏者，该项目零分					
1 元器件检测	3	A	全对					
		B	错1个					
		C	错2个					
		D	错3个及以上					
		E	未答题					
2 按电路图焊接	5	A	焊接元器件正确，焊点齐全光洁、无毛刺和虚焊					
		B	焊接元器件有错，但能自行修正，且无毛刺、无虚焊					
		C	—					
		D	焊接元器件经自行修正后还有错					
		E	未答题					
3 示波器使用	2	A	能合理选择量程及正确使用探头实测波形					
		B	能选择量程及使用探头，实测波形错1处					
		C	能选择量程及使用探头，实测波形错2处					
		D	选择量程或使用探头有错，实测波形错3处及以上					
		E	未答题					
4 通电调试	8	A	合理选择仪器仪表，正确使用电源，按电路原理有序调试					
		B	调试失败1次，结果正确					
		C	调试失败2次，结果正确					

续表

试题代码及名称				3.3.2　晶闸管调光电路装调	考核时间				60 min	
评价要素	配分(分)	等级		评分细则	评定等级					得分(分)
					A	B	C	D	E	
4	通电调试	8	D	调试失败						
			E	未答题						
5	画波形图或测量有关数据	5	A	实测并绘制波形，或测量有关数据完全正确						
			B	实测并绘制波形，或测量有关数据错 1 处						
			C	实测并绘制波形，或测量有关数据错 2 处						
			D	实测并绘制波形，或测量有关数据错 3 处及以上						
			E	未答题						
6	安全文明生产，无事故发生	2	A	安全文明生产，符合操作规程						
			B	操作过程中损坏元器件 1~2 个						
			C	操作过程中损坏元器件 3 个及以上						
			D	不能安全文明生产，不符合操作规程						
			E	未答题						
合计配分	25			合计得分						

考评员（签名）：

等级	A（优）	B（良）	C（及格）	D（较差）	E（差或未答题）
比值	1.0	0.8	0.6	0.2	0

"评价要素"得分＝配分×等级比值。